SÜD-, MITTEL- UND OSTAFRIKANISCHE SÄUGETIERE

in Bild und Text

Tilde und Chris Stuart

STRUIK

STRUIK PUBLISHERS
(eine Unternehmung von The Struik Publishing Group (Pty) Ltd)
Cornelis Struik House
80 McKenzie Street
Gardens, Kapstadt, 8001

Register Nr.: 63/00203/07

Erstausgabe 1992

Redaktion: Pippa Parker
Übersetzung ins Deutsche: Gudrun Grapow
Sachbearbeiter der Übersetzung: Rudolf Schmidt
Umschlagentwurf: Neville Poulter
Satzspiegel: Joan Sutton Design Studio
Desktop publishing Umbruch: Struik DTP, Gerhardt van Rooyen
Lithografische Reproduktion: Unifoto (Pty) Ltd, Kapstadt
Druck und Einband: Kyodo Printing (Pte.) Ltd, Singapur.

ISBN 1-86825-396-1
Titelbild: Oryx im Kalahari-Gemsbock-Nationalpark
(T & C Stuart)
Fotografie Titelblatt: Löwe im Masai Mara-Nationalschutzgebiet, Kenia (D Balfour)

Inhalt

Einleitung

Zu den größten Attraktionen Süd-, Mittel- und Ostafrikas zählt der artenreiche Wildbestand, dessen gewaltige Herden die offenen Flächen vieler Schongebiete bevölkern. Wer könnte sich des unvergeßlichen Eindrucks entziehen, der sich mit dem Anblick riesiger Wanderzüge des Streifengnus in Serengeti verbindet, mit den Flußpferden, die sich im Luangwa River zusammenfinden, und den während der Trockenzeit am Chobe River versammelten Elefanten? Im allgemeinen erfreuen sich Großwild und Raubkatzen der größten Beliebtheit, doch ist die ebenso abwechslungsreiche, kleinere Fauna dieses Gebiets auch erwähnenswert. Von den über 1 000 Spezies aller südlich der Sahara in Afrika vorkommenden Säugetiere leben die meisten in dem Areal, mit dem sich der vorliegende Text befaßt.

Beim Beobachten von Säugetieren ergeben sich im Gegensatz zum Beobachten der Vögel für den Naturfreund einige Schwierigkeiten. Viele kleinere Säugetiere sind nachtaktiv, scheu und nur selten zu sehen. Gelegentlich gewahrt man jedoch Fledermäuse an ihrem Schlafplatz, während einem die Hauskatze oft eine getötete Feld- oder Spitzmaus zum "Geschenk" macht. Viele Arten lassen durch andere Zeichen auf ihre Anwesenheit schließen: die Gänge des Goldmulls, die Hügel der Blindmaus, von der Spezies Otomys hinterlassene Häufchen zerkleinerter Gräser und Seggenhalme, die Spuren der Sumpfmanguste im Uferschlamm. So erkennt man, daß sich eine besondere Art in dem Gebiet befindet, und mit Geduld und Ausdauer kann man hoffen, sie endgültig aufzuspüren.

In diesem Band behandeln wir 152 Arten der Säugetiere und befassen uns vor allem mit den größeren, auffallenderen Spezies, doch auch mit einigen ungewöhnlichen, wie Pangolin, Erdferkel und Stachelschwein, sowie mit Fledermäusen, Spitzmäusen, Rüsselspringern, Goldmullen und kleineren Nagern. Das Format dieses Führers gestattet zwar nicht die genaue Beschreibung aller kleinen Säugetiere, doch kann der Leser beispielsweise anhand der Anmerkungen den Unterschied zwischen Hufeisennasen und Glattnasen-Freischwänzen, zwischen Spitzmäusen und Rüsselspringern erkennen. In zahlreichen Fällen ist es notwendig, die Zähne und Chromosomen der Fledermäuse, Spitzmäuse, Goldmulle und kleinen Nagetiere zu untersuchen, um die Spezies genau bestimmen zu können. Hier ist der Laie natürlich überfragt, und auch für den Kenner gibt es Gebiete, in denen Verwirrung und Unklarheit herrschen: bei der Kap-Breitflügelfledermaus meinen manche Experten, daß es sich um mehrere, nicht nur eine Spezies handle. Selbst im Falle größerer Arten, wie beim Gorilla, ist es durchaus möglich, daß sich durch weitere Forschung endgültig zwei Spezies bestimmen lassen.

Wenn man bedenkt, daß viele Kleinsäuger Afrikas nur durch wenige Exemplare bekannt geworden sind, beginnt man zu begreifen, welche Aufgabe der Wissenschaft noch bevorsteht. Vom Okapi hörte die Welt erst im Jahre 1900, und obwohl der Gorilla seit Jahrhunderten bekannt war, wurde er erst in der Mitte des vergangenen Jahrhunderts genau beschrieben. Man entdeckt immer noch kleinere Arten, zum Beispiel die Langschwanz-Waldspitzmaus, die man 1978 in einem am südlichen Küstensaum gelegenen Wald Südafrikas fand. Im Laufe der vergangenen 20 Jahre konnten mehrere neue Spezies der Nagetiere, Mangusten und Waldaffen bestimmt werden.

Einige Arten sind durch die Jagd und die Zerstörung ihres Habitats gefährdet. Dem Berggorilla verbleiben heutzutage nur noch vereinzelte Waldstücke, und die Population ist auf bloße 400 Exemplare zusammengeschmolzen, während weniger als 4 000 Flachlandgorillas den Urwald durchstreifen. Beim Spitzmaulnashorn zählt man knapp 3 500 Exemplare und überall, mit Ausnahme des südlichen Afrikas, blickt es einer traurigen Zukunft entgegen. Kaum ein afrikanischer Säuger ist so vom Aussterben bedroht wie der Sumpfhase, den die Fehlentwicklung der Landwirtschaft aus seiner ariden, buschbestandenen Umwelt vertrieb. Die Zahl aller großen Raubtiere hat sich verringert, besonders im Falle des Geparden und des Hyänenhunds ist die Lage ernst. Vermutlich gibt es in der freien Natur weniger als 2 000 Hyänenhunde; wesentlich kritischer steht es um die ca. 5 000 verbliebenen Geparden. Viele andere Arten – Schimpansen, Bonobo, Tieflandgorillas, Braune Hyänen, Löwen, Grévy-Zebras, Hunters Hartebeests, Bleichböckchen – sind ebenfalls gefährdet. Zwar liegt bei den Elefanten (vermutlich über 500 000) noch kein Grund zur Sorge vor, doch wurde der Bestand in den vergangenen 20 Jahren erschrekkend verringert. Wenn es an den entscheidenden Maßregeln fehlt, können zahlreiche, heute noch weitverbreitete Arten schon morgen ausgestorben sein, man braucht nur an die nordamerikanische Wandertaube, an das Quagga und die Dronte zu denken.

Hinweise zum Gebrauch dieses Buches

Dieser Führer soll die Bestimmung der größeren, auffallenderen Säuger sowie einiger kleinerer Arten in Süd-, Mittel- und Ostafrika erleichtern. *Gesperrt gedruckte* Angaben heben jeweils die typischen Merkmale hervor. Fotografien betonen etwaige Unterschiede zwischen den Geschlechtern sowie zwischen ausgewachsenen Tieren und Jungen, schließen jedoch auch Unterklassen ein, die durch ihre besondere Zeichnung hervorstechen.

Drei Maße werden angegeben: die Länge der Kleinsäuger (von der Nasen- bis zur Schwanzspitze), die Schulterhöhe der großen Säugetiere, die Flughautspannweite der Fledermäuse. Neben einer kurzen Beschreibung der Spezies erleichtern zusätzliche Informationen über das Habitat die Bestimmung. Mit Hilfe der Karten über die Verbreitungsgebiete sollte man feststellen können, ob eine besondere Art in dem Areal vorkommt, während das Miniaturporträt auf Seite 10 auf die entsprechende Ordnung der Säugetiere und somit die betreffende Seite aufmerksam macht. Anhand der zonalen Gliederung erkennt man die bedeutenden geobotanischen Areale Afrikas.

Abkürzungen

L Länge
(Nasen- bis Schwanzspitze)

FS Flughautspannweite

Sch Schulterhöhe

♀ weiblich

♂ männlich

Habitate

Die Karte der Pflanzenareale wurde aus praktischen Erwägungen stark vereinfacht. Eigentlich ist jedes Gebiet vielfach unterteilt, doch sprengen derartige Einzelheiten den Rahmen des vorliegenden Textes. Viele Arten der Säugetiere sind von einer bestimmten Vegetationseinheit abhängig, während andere in mehreren Bereichen gedeihen können.

1. *Kap- und Mittelmeer-Hartlaubgewächse:* Nur im extremen nordwestlichen und südwestlichen Winkel des Festlands, wo immergrüne, niedrige Bäume und Sträucher wachsen, die auch als Heide, Fynbos oder Macchia bekannt sind.

2. *Tropische Regenwälder:* Vorwiegend immergrüne Wälder mit gewöhnlich klar unterscheidbarem Unter-, Zwischen- und Oberstand. Besonders in Westafrika wurden bereits weite Gebiete abgeholzt.

3. *Heißwüsten:* Die weitaus größte, die Sahara, beherrscht den Norden des Kontinents, während sich die Namib an der Südwestküste erstreckt. Spärliche Vegetation und äußerst geringe Niederschläge kennzeichnen diese Gebiete.

4. *Südliche Halbwüste:* Dieses Gebiet erstreckt sich über die ganze Kalahari, die Karru, Buschmannland und Namaqualand. Graswüchsige Trockengehölze werden hier von niedrigen Hartlaubsträuchern und Sukkulenten abgelöst.

5. *Montane Gebiete:* Zu diesen gehören das Atlasgebirge, das Äthiopische Hochland, der Ruwenzori, der Kenia und Kilimandscharo sowie die Drakensberge im Süden. Die Vegetation der verschiedenen Gebirgszüge ist sehr unterschiedlich, schließt daher Hochwälder, Bambusbestände, Grasfluren und auch Waldland ein.

6. *Südliche und nördliche Trockensavanne:* Obwohl die Bedingungen im Norden im allgemeinen arider als im Süden sind, kommen in diesen Gebieten Trockenwälder, Grasfluren und Strauchwerk vor. Gewöhnlich ist der Baumbestand im Süden dichter, während dort auch die Gräser höher und üppiger stehen.

7. *Südliche und nördliche Grassteppe:* Von einzelnen Bäumen – u.a. Akazien – durchsetzte, weite Grasfluren.

8. *Tropische Savanne:* Baumsavanne und Grasfluren mit verhältnismäßig hohen Niederschlägen. Diese Gebiete sind von vereinzelten, dichten Wäldern durchsetzt.

Beobachtung mit Erfolg

Zur Beobachtung der mittelgroßen und großen Säuger genügt ein Fernglas, will man sich jedoch die Kleinsäuger näher anschauen, empfiehlt sich eine gekaufte oder selbstgefertigte Tierfalle zum Lebendfang. Dies kann aber mit großem Zeitaufwand verbunden sein und erfordert häufig eine Genehmigung von der entsprechenden Naturschutzbehörde.

Hat man ein Säugetier erspäht, sollte man bei der Bestimmung schrittweise vorgehen:

Pflanzenareale

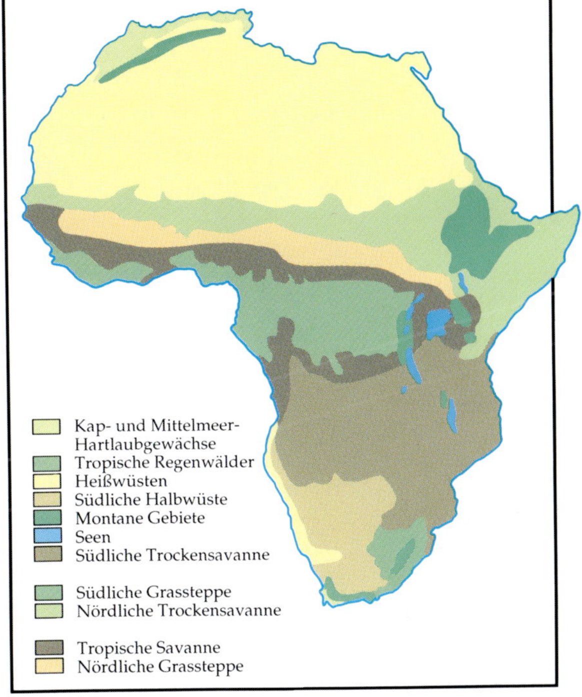

Zuerst stellt man fest, zu welcher Klasse das Tier gehört (Ist es eine Antilope, ein Hund oder eine Katze usw.). Darauf ermittelt man schätzungsweise die Schulterhöhe oder, im Falle der Säuger, die Gesamt- und die Schwanzlänge (Ist der Schwanz länger als Kopf und Körper zusammen?). Hat das Tier besondere, bestimmende Merkmale? (einen buschigen oder haarlosen Schwanz, Flecken oder Streifen, außergewöhnlich lange oder kurze Ohren). Dann notiert man sich die Färbung und besondere Zeichnung des Tieres.

Bei Antilopen kommt es auf die Form des Gehörns, doch auch auf dessen Beschaffenheit an (Perlen, Furchen, glattes Horn). Man darf auch nicht vergessen, daß Jungtiere, vor allem wenn sich ihr Gehörn noch nicht voll entwickelt hat, oft den ausgewachsenen Tieren einer anderen Spezies ähnlich sehen können. Auch das jeweilige Verhalten oder auffallende Eigenarten sollte man sich aufschreiben (Handelte es sich um ein einzelnes Exemplar oder eine Gruppe? Befand es sich auf einem Baum? Verschwand es in einen Bau?) Hat man all diese Informationen gesammelt, sollte man sich dem Führer zuwenden, um festzustellen, mit welcher Art man es hier zu tun hat.

Ein wichtiges Anzeichen für die Anwesenheit eines Tieres sind seine Spuren, ebenso bedeutend ist die Losung oder der Kot. An frischen

Spuren erkennt man nicht nur die Tätigkeit des Tieres, sie können einen auch direkt zu den scheueren Säugern hinführen.

Die auf den Kleinkarten angedeuteten Verbreitungsgebiete helfen insofern bei der Bestimmung, als sie Aufschluß über die mögliche Anwesenheit einer Spezies geben. Auch das Biotop erleichtert die Bestimmung: einen Klippspringer wird man kaum in Flächen oder ein Steinböckchen in Berggelände sichten.

Viele in diesem Führer aufgelistete Arten verfügen über mehrere

Afrikanische Staaten

SCHLÜSSEL

1. Kap der Guten Hoffnung
2. Buntbock
3. Karru
4. Bergzebra
5. Addo-Elefanten
6. Giant's-Castle
7. Willem-Pretorius
8. St.-Lucia-Komplex
9. Hluhluwe/ Umfolozi
10. Mkuzi
11. Ndumo
12. Krügerpark
13. Pilanesberg
14. Kalahari-Gemsbock
15. Namib-Naukluft
16. Kreuzkap
17. Etoscha
18. Moremi
19. Chobe
20. Hwange
21. Mana Pools
22. Kafue
23. Südluangwa
24. Nyika-Hochland
25. Kundelungu
26. Upemba
27. Gombe Stream
28. Ruaha
29. Selous
30. Shimba Hills
31. Tsavo
32. Arusha
33. Kilimandscharo
34. Mt Kilimandschar
35. Tarangire

36 Ngorongoro

Namen, die vom jeweiligen Gebiet abhängig sind. So spricht man in Namibia von der Windspielantilope, in Ostafrika vom Kirkdikdik, obwohl es sich in beiden Fällen um die Spezies *Madoqua kirkii* handelt. Ebenso spricht man vom Kronen-, Steppen- oder Buschducker, obwohl man immer die Art *Sylvicapra grimmia* meint.

Aus dieser Sicht erklärt sich die unerläßliche Bedeutung der lateinischen Namen, da sie unmißverständlich sind.

Bedeutende Wildschutzgebiete

37. Serengeti	45. Garamba	53. Samburu
38. Rubondo	46. Kidepo	54. Meru
39. Akegara	47. Murchison Falls	55. Mt Kenia
40. Vulcanoes	48. Semliki	56. Aberdares
41. Kahuzi-Biega	49. Königin-Elisabeth	57. Nakurusee
42. Salonga	50. Ost-Turkana	58. Masai Mara
43. Maiko	51. Mt Elgon	59. Nairobi
44. Virunga	52. Marsabit	60. Amboseli

SYMBOLSCHLÜSSEL

Elefant *Loxodonta africana Sch.2,5-3,4m*

Als größtes Landsäugetier ist der Elefant so bekannt, daß sich eine ausführliche Beschreibung erübrigt. Die Kuh wiegt bis 3,5 t, der Bulle 6,3 t, während ein langer, beweglicher Rüssel, gewaltige Ohren und Stoßzähne die Art kennzeichnen. Zwar fehlen unter den Kühen mancher Gemeinschaften die Stoßzähne, sind sie jedoch vorhanden, wachsen sie während der gesamten Lebensdauer des Tieres nach. Da sie aber zum Graben, Stochern und zur Verteidigung dienen, erreichen sie nie ihre potentielle Länge. Elefanten können in unterschiedlichen Habitaten leben, vorausgesetzt, es ist Schatten, Wasser und genügend Futter vorhanden. Kleine Herden, die sich aus einer dominanten Kuh (Leittier) mit ihren verschiedenaltrigen Jungen, sowie verwandten Kühen und deren Nachwuchs zusammensetzen, sind die häufigsten Gruppierungen. Im allgemeinen gesellen sich die ausgewachsenen Bullen nur zur Begattung der Herde zu, sonst leben sie einzeln oder schließen sich Junggesellenherden an. Die Jungen werden ganzjährig (Tragezeit 22 Monate) geboren. Elefanten ernähren sich von einer ganzen Auswahl verschiedener Pflanzen. Im Laufe der vergangenen Jahre ging der Elefantenbestand in Afrika auf kaum mehr als 600 000 Tiere zurück.
Naturschutzgebiete: Addo-Elefanten, Hluhluwe/Umfolozi, Krügerpark, Pilanesberg, Etoscha, Moremi, Chobe, Hwange, Mana-Pools, Kafue, Südluangwa, Upemba, Ruaha, Tsavo, Arusha, Manyarasee, Ngorongoro, Ruwenzori, Virunga, Garamba, Kidepo, Murchison Falls, Königin-Elisabeth, Mt Elgon, Marsabit, Samburu, Mt Kenia, Aberdares, Masai Mara, Amboseli.

Breitmaulnashorn *Ceratotherium simum Sch. 1,8m*

Breitmaul

Das auch als Weißes Nashorn bekannte Tier war ehemals dort weit verbreitet, wo sich das geeignete Habitat bot. Wegen der angeblichen Heilkraft seines Horns wurde es jedoch niedergemetzelt, während es obendrein Trophäenjäger fast bis zur Ausrottung verfolgten. Heutzutage kommt es jedoch dank der Bemühungen des Wildschutzes - vor allem in Zululand - wieder in zahlreichen Schutzgebieten und auf privaten Wildfarmen im afrikanischen Süden vor. Leider gilt dieser Tatbestand nur für die südliche Unterart, da man ihren nördlichen Vetter *C.s.cottoni,* dessen Bestand vermutlich auf bloß 25 Exemplare beschränkt ist, nur im Garamba-Nationalpark Zaires antrifft. Von den beiden afrikanischen Arten ist das von 1,4 bis 2,3 t schwere Breitmaulnashorn *die größere*. Weiterhin unterscheidet sich diese Spezies durch *große Spitzohren, ein breites, stumpfes Maul und einen auffallenden Nackenhöcker*. Als Grasfresser zieht das Breitmaulnashorn mit kurzen Gräsern und Dickicht bestandenes Gelände vor. Im Gegensatz zum Spitzmaulnashorn steckt das männliche Leittier dieser Spezies nicht nur sein Revier ab, sondern verteidigt es auch. Gewöhnlich nimmt man die Tiere in kleinen Gruppen beim Grasen auf der von ihnen bevorzugten Weide oder an der Suhllache wahr. Ihre Losung hinterlassen sie in ihrem gesamten Revier, und oft gewahrt man in den Schutzgebieten, in denen die Tiere vorkommen, ihre großen Kothaufen in Straßennähe. Nach einer Tragezeit von 16 Monaten wird ein 40 kg schweres Kalb geboren, das der Mutter immer vorangeht.

Naturschutzgebiete: Hluhluwe/Umfolozi, Mkuzi, Krügerpark, Pilanesberg, Chobe, Hwange, Garamba.

Spitzmaulnashorn *Diceros bicornis Sch. 1,6m*

Behaarte Ohren sind ein Merkmal dieser Spezies

Der in der Wildnis verbliebene Bestand dieses Unpaarhufers, den man auch als Schwarzes Nashorn kennt, ist auf ungefähr 3 500 Exemplare gesunken. Als kleinere (800 - 1 100 kg schwer) der beiden afrikanischen Arten verfügt es über *einen verhältnismäßig gedrungenen Schädel, zwei tief angesetzte Hörner und eine fingerförmige Oberlippe,* mit der es Zweige und junge Triebe greift, darauf abzupft oder mit den Backenzähnen abbeißt. In mit Sträuchern und Bäumen bestandenem Gelände findet es die geeignete Nahrung, auch Schutz im Dickicht. Gruppen dieser i. allg. solitären Spezies gewahrt man gelegentlich an Wasserstellen. Tagsüber hält es sich im Dickicht auf. Die Paarung ist von der Jahreszeit unabhängig, worauf ein einzelnes Kalb (Tragezeit: 15 Monate) geboren wird. Die Mutter führt ihr Junges neben oder hinter sich.

Naturschutzgebiete: Addo-Elefanten, Hluhluwe/-Umfolozi, Mkuzi, Krügerpark, Pilanesberg, Etoscha, Hwanga, Mana Pools, Südluangwa, Tsavo, Serengeti, Nairobi.

Flußpferd *Hippopotamus amphibius Sch. 1,5m*

D Balfour

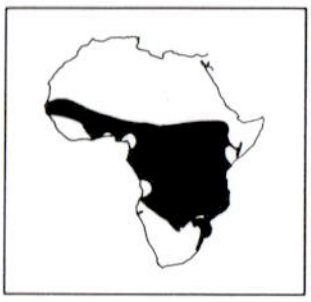

Dieses massige (1-2t), *teilweise im Wasser lebende* Säugetier zeichnet sein faßförmiger Körper, die kurzen, stämmigen Beine und *ein gewaltiger, breitmäuliger Kopf* aus. Die grauschwarze Haut geht in den Hautfalten und um die Augen und Ohren ins Rosa über. Sein tiefes, *dröhnendes Grunzen und Schnaufen* vernimmt man an Gewässern. Tagsüber hält sich das Flußpferd hauptsächlich im Wasser auf, sonnt sich aber auch auf Sandbänken. Es lebt gesellig, und die gewöhnlich aus 10 bis 15 Tieren bestehende Herde setzt sich aus dem dominanten Männchen, den Weibchen und deren Jungen zusammen, obgleich auch größere Gruppen nicht selten sind. Nachts steigen die Tiere aus dem Wasser und begeben sich auf ausgetretenen Pfaden auf die Weide. An Land markieren die Leittiere ihr Revier, indem sie durch die kräftigen Bewegungen ihres kurzen Schwanzes Büsche und Felsen mit Kot bespritzen. Ein 30 kg schweres Kalb wird im Schutze eines Dickichts an Land geboren.

Wildschutzgebiete: St.-Lucia-Komplex, Ndumo, Krügerpark, Moremi, Chobe, Mana Pools, Kafue, Südluangwa, Upemba, Tsavo, Arusha, Manyarasee, Ngorongoro, Salonga, Ruwenzori, Virunga, Murchison Falls, Königin-Elisabeth, Meru, Masai Mara.

Büffel *Syncerus caffer Sch.1,4m*

D Balfour

B Huntly

Wald- oder Rotbüffel

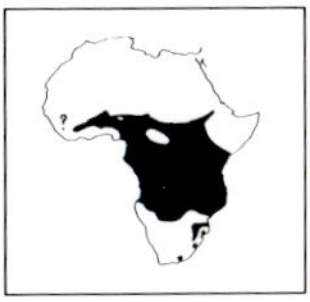

Der Büffel, das einzige afrikanische *Wildrind*, ist ein *massiges, stämmiges* Tier (♂ 700kg). Der Bulle trägt ein dunkelbraunes bis schwarzes Haarkleid, während die Kühe bräunlich, die Kälber rotbraun sind. Als besonderes Merkmal gelten ihre ausladenden Hörner. Die behaarten Ohren sind unter den Hörnern angesetzt. Büffel bevorzugen die offenen, von Wäldern durchsetzten Grasfluren und sind von einer guten Weide, Wasser, sowie schützenden Bäumen abhängig. Häufig schließen sich die Bullen zu Junggesellenherden zusammen, doch gewahrt man oft auch Einzelgänger. Die meisten Kälber werden während der Regenzeit geboren und vermögen bereits wenige Stunden nach der Geburt mit der Herde Schritt zu halten. Eine kleinwüchsigere Unterart, der Wald- oder Rotbüffel *(Syncerus c. nanus)*, kommt im Nordwesten vor. Abgesehen von dem unterschiedlichen, verhältnismäßig zarteren Körperbau ist dieser Büffel durch sein ziemlich *dichtes, rötliches Haarkleid* gekennzeichnet. Seinen schlankeren Hörnern fehlt auch der "Helm".

Wildschutzgebiete: Addo-Elefanten, Willem-Pretorius, Hluhluwe/Umfolozi, Krügerpark, Moremi, Chobe, Hwange, Mana Pools, Kafue, Südluangwa, Upemba, Tsavo, Arusha, Serengeti, Ruwenzori, Virunga, Garamba, Kidepo, Murchison Falls, Königin-Elisabeth, Mt Elgon, Marsabit, Samburu, Meru, Mt Kenia, Aberdares, Masai Mara, Nairobi, Amboseli.

Kap-Bergzebra *Equus zebra zebra Sch. 1,3-1,5m*

Zwar unterscheidet man zwei Unterarten, doch beruht die Unterscheidung auf der *natürlichen* Distribution der Tiere: das Hartmann-Zebra kommt nur in Namibia, das Kap-Bergzebra nur in der Kapprovinz vor. Das letztere verfügt über schwarze Streifen auf weißem Grund, doch fehlen ihm die "Schattenstreifen" des Steppenzebras. An den Beinen setzen sich die Streifen bis zu den Hufen fort, während die typischen schwarzen Querstreifen auf der Kruppe und an der Schwanzwurzel auf diese Spezies beschränkt sind. Das Bergzebra fühlt sich in gebirgigem Gelände, dem benachbarten Hochland und Ebenen wohl. Es lebt in kleinen, aus einem ausgewachsenen Hengst, mehreren Stuten und deren Fohlen bestehenden Herden. 15 Jahre können vergehen, ehe das Leittier von einem Jüngeren ausgestochen wird. Junge Hengste leben in Junggesellenherden. Die Geburt des einzelnen Fohlens ist an keine Jahreszeit gebunden.
Wildschutzgebiete: Kap der Guten Hoffnung, Buntbock, Karru, Bergzebra.

Grévy-Zebra *Equus grevyi Sch. 1,5m*

Die *schmalen, schwarzen Streifen* auf weißem Grund, das *Fehlen der "Schattenstreifen"*, der weiße, ungemusterte Bauch, *der breite, dunkle Streifen, der sich am Rückgrat entlangzieht,* kennzeichnen es. Dichte Streifen bedecken die Beine, die langen, braunen Ohren sind rund. Dieser Grasfresser bewohnt die Ebenen der Halbwüste und die trockene, offene Baumsavanne. Die Hengste leben in Junggesellenherden, die Stuten und ihre Fohlen in Zuchtherden, doch gelegentlich schließen sich diese beiden Gruppen zusammen. Zwar behauptet sich das männliche Leittier innerhalb seines Territoriums gegen andere, ausgewachsene Hengste, läßt es aber zu, daß Herden, die Junge führen, sein Gebiet durchqueren. Da die Herden ein ausgedehntes Gebiet beweiden, ist die Erhaltung dieser Spezies mit besonderen Schwierigkeiten verbunden. Die Fohlen werden im allgemeinen zum Beginn der Regenzeit abgelegt.
Wildschutzgebiete: Ostturkana, Samburu, Meru.

Steppenzebra *Equus burchellii Sch. 1,3m*

D Balfour

Oben: *Etoscha* Links: *Hluhluwe* Rechts: *Masai Mara*

Dieses stämmige, auch als Burchell-Zebra bekannte Tier ist schwarzweißgestreift. "Schattenstreifen" überlagern manchmal die weißen Streifen. Besonders auffallend ist die Vielfalt der Streifenmuster, die sich bis zum Bauch fortsetzen. Eine starke, schwarzweiße Mähne erstreckt sich vom Scheitel bis zum Widerrist. Diese Spezies gewahrt man in der offenen, von Bäumen und Sträuchern durchsetzten Savanne in Familienherden. Außerhalb des Familienverbandes stehende Hengste finden sich zu Junggesellenherden zusammen. Auch wenn sich größere Herden bilden, wird der Zusammenhalt der Familienherde nicht beeinträchtigt. Den typischen, bellenden Ruf ("Kwa-ha-ha") des Steppenzebras vernimmt man häufig. Obwohl sich diese Tiere gelegentlich von Laub und Zweigen ernähren, sind sie Grasfresser. Ein einzelnes, 30 kg schweres Fohlen kann zu irgendeiner Jahreszeit geboren werden.

Wildschutzgebiete: Hluhluwe/Umfolozi, Mkuzi, Krügerpark, Pilanesberg, Etoscha, Chobe, Hwange, Kafue, Südluangwa, Ruaha, Tsavo, Ngorongoro, Serengeti, Samburu, Nairobi.

Okapi *Okapia johnstoni Sch. 1,6m*

Hinterbeinquerstreifen

Das Okapi ist durchschnittlich 230 kg schwer und *läßt einen flüchtigen Vergleich mit der Giraffe zu,* obwohl es über *einen wesentlich kürzeren Hals* verfügt. Bei seinem samtartigen, schokoladenfarbenen Fell fällt der rötliche oder purpurfarbene Glanz auf. *Vorder- und Hinterhand, sowie die Schenkel markieren auffällige, schwarzweiße Querstreifen.* Nur dem männlichen Tier sitzen kurze, behaarte Stirnzapfen auf. Das Okapi lebt solitär, in seinem dichtbewaldeten Habitat bekommt man es nur selten zu Gesicht. Bei diesem vorwiegend tagaktiven Tier findet nur eine begrenzte nächtliche Tätigkeit statt. Beim Fressen der Zweige und des Laubs ist ihm die ausgesprochen lange Zunge behilflich. Wenn Okapis gelegentlich in kleinen Gruppen auftreten, besteht innerhalb dieser kein fester Verband. Der Leopard ist sein größter Feind. Die Geburt eines einzelnen Jungen ist von der Jahreszeit unabhängig.

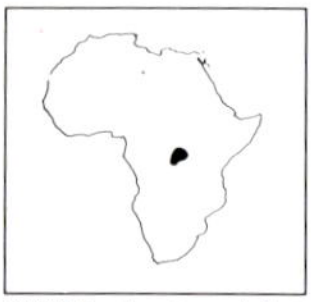

Wildschutzgebiete: Salonga, Maiko, Virunga.

Giraffe *Giraffa camelopardalis Sch. 2,0-3,5m*

Südl. Giraffe, Krügerpark

P Frere

Netzgiraffe, Kenia

Beim weltweit längsten Landsäugetier (bis zu 5,2m) erübrigt sich fast jegliche Beschreibung. Dank der überaus hohen Beine und des langen Halses erkennt man dieses in vielen Schutzgebieten weitverbreitete Tier sofort. Das Muster des Haarkleids besteht aus dunkleren Flecken, die sich von dem helleren Gitter absetzen. Aufgrund dieser Muster unterscheidet man mehrere Unterarten. Betrachtet man das Gebiet, mit dem sich dieses Buch befaßt, von Norden nach Süden, so muß man folgende Unterarten erwähnen: die Nubische Giraffe *(G.c.camelopardalis)*, die Netzgiraffe *(G.c.reticulata)*, die Rothschild- oder Baringogiraffe *(G.c.rothschildi)*, die Kenianische Giraffe *(G.c.tippelkirchi)* und die südliche Form, die Südlich Giraffe *(G.c.giraffa)*. Auch andere Unterarten wurden bereits bezeichnet, doch beruhen diese Unterscheidungen vermutlich auf der verwirrenden Vielfalt der Muster. In der von Bäumen durchsetzten Trockensavanne hat die Giraffe ihren Standort. Die Herden setzen sich aus vier bis 30 Exemplaren zusammen, doch handelt es sich dabei um eine lockere Gruppierung. Die ausgewachsenen Männchen gesellen sich nur zeitweilig zu den Weibchen. Dank ihrer ungewöhnlichen Länge findet die Giraffe ihre Nahrung außerhalb der Reichweite anderer Laubfresser. Mit den Lippen zieht sie die Zweige an sich heran, windet die Zunge um sie und streift die Blätter ab. Die bei der Geburt ungefähr 100 kg schweren Jungen stehen innerhalb einer Stunde fest auf den Beinen, werden aber erst nach zwei oder drei Wochen mit der Herde vereint.

Wildschutzgebiete: Hluhluwe/Umfolozi, Mkuzi, Krügerpark, Pilanesberg, Etoscha, Moremi, Chobe, Hwange, Südluangwa, Tsavo, Arusha, Manyarasee, Serengeti, Garamba, Kidepo, Murchison Falls, Marsabit, Samburu, Meru, Masai Mara, Nairobi, Amboseli.

Oryx *Oryx gazella Sch. 1,2m*

G Cubitt

Beisa-Oryxantilope (ostafr. Unterart)

Diese auch als "Gemsbock" bekannte Großantilope hat einen starken Hals, *lange, scharfe Hörner* (die beide Geschlechter tragen) *und einen an den Pferdeschwanz erinnernden Schweif.* Bis auf die weiße Unterseite ist der Oryx fahl, doch trägt er auffallende *schwarze* Markierungen, *nämlich Streifen an den Flanken, Flecken an den Oberschenkeln, an der Keule und an der* Kehle. Die Unterschenkel sind vorwiegend weiß, während die *schwarzweiße Gesichtszeichnung* besonders auffällt. Dem fahlen Haarkleid des Jungen fehlt jegliche Markierung. Diese Spezies bevorzugt offenes Gelände, von Bäumen und Sträuchern durchsetzte Grasfluren und Dünenlandschaft. Obwohl Oryx Wasser trinken, sind sie von oberirdischen Gewässern unabhängig. Am häufigsten finden sich bis zu 15 Tiere zusammen, doch besonders während der Regenzeit gewahrt man größere Herden. Männchen, die ein eigenes Revier beanspruchen, trachten nicht nur danach, ihr Rudel innerhalb dieses Gebiets einzugrenzen, sondern übernehmen auch die Begattung aller brünstigen Weibchen. Das aride Klima ihrer Umwelt zwingt den Oryx zu beträchtlichen Wanderungen auf der Weidesuche. Diese vorwiegend grasfressenden Antilopen graben jedoch auch Wurzeln aus und fressen Wildfrüchte. Junge werden v.a. in der Regenzeit geboren.

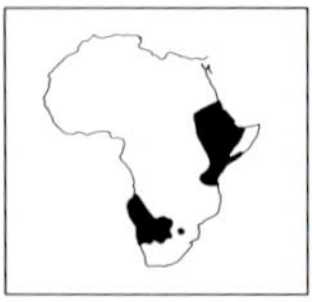

Wildschutzgebiete: Kalahari-Gemsbock, Namib-Naukluft, Etoscha, Hwange, Tsavo, Serengeti, Samburu, Meru.

Elenantilope *Taurotragus oryx Sch. 1,5-1,7m*

Ganz oben: *Mischherde*, Oben: *Junge Männchen*

Es handelt sich hier um die *größte Antilope* des Gebiets (Männchen wiegen bis zu 900 kg). Die Erscheinung der Elenantilope erinnert stark an das Rind, ihr Haarkleid ist im allgemeinen fahl oder gelbbraun, doch verfärbt es sich bei älteren Tieren an Hals und Schultern blaugrau. Bei ausgewachsenen Männchen entwickelt sich eine *ausgeprägte Wamme*, sowie ein verhältnismäßig langes, starkes Haarbüschel an der Stirn. Beide Geschlechter tragen *gerade Hörner*, die bei den Männchen jedoch kräftiger und auffallender gedreht sind. Trotz ihres abwechslungsreichen Standorts ziehen sie offenes, mit Sträuchern bestandenes Gelände oder Baumsavanne vor. Die Herden bestehen im allgemeinen aus 25-60 Exemplaren, sind besonders während der Regenzeit größer. In manchen Gebieten legen die Tiere große Strecken zurück. Elenantilopen sind als vorzügliche Springer bekannt. Obwohl sie zu den Laubfressern zählen, ernähren sie sich auch gelegentlich von Gras oder graben mit den Vorderhufen Wurzeln und Knollen aus. Die Jungen werden ganzjährig geboren, doch nehmen die Geburten während der Regenzeit zu.

Wildschutzgebiete: Bergzebra, Addo-Elefanten, Giant's-Castle, Krügerpark, Pilanesberg, Kalahari-Gemsbock, Etoscha, Chobe, Hwange, Kafue, Südluangwa, Upemba, Ruaha, Tsavo, Arusha, Ngorongoro, Serengeti, Samburu, Meru, Masai Mara, Nairobi, Amboseli.

Rappenantilope *Hippotragus niger Sch. 1,3m*

Männliche Rappenantilope mit Madenhackern

Diese herrliche Antilope fällt nicht nur durch ihre Größe auf (230 kg): das *pechschwarze Haarkleid des Männchens hebt sich scharf vom weißen Spiegel und Bauch ab,* auch verfügt sie über stark geringelte, *halbkreisförmig nach hinten geschwungene Hörner.*Beide Geschlechter tragen Hörner, die des Weibchens sind zierlicher. Weibchen und junge Männchen sind gewöhnlich rot- bis dunkelbraun, die Jungen von hellem Rotbraun. *Die schwarzweiße Gesichtszeichnung* gehört zu den Merkmalen beider Geschlechter, ebenso die sich vom Nacken bis knapp über die Schultern erstreckende Mähne. Rappenantilopen halten sich v.a. in einer trockenen, offenen und von Bäumen durchsetzten Landschaft auf, wo mittelhohe bis hohe Gräser gedeihen und Dauergewässer vorhanden sind. I. allg. leben 10 bis 30 Tiere in einer Herde. Die Zuchtherde wird vom weiblichen Leittier geführt, junge Männchen bilden Junggesellenherden. Die vorwiegend grasfressende Rappenantilope ernährt sich gelegentlich auch von Laub. Junge werden in der Regenzeit abgelegt.

Wildschutzgebiete: Krügerpark, Chobe, Hwange, Mana Pools, Kafue, Südluangwa, Kundelungu, Upemba, Ruaha, Selous, Shimba.

Pferdeantilope *Hippotragus equinus Sch. 1,4m*

Weibliche Pferdeantilope

In bezug auf ihre Größe steht die Pferdeantilope (270 kg) nach der Elenantilope an zweiter Stelle. Sie trägt ein graubraunes Haarkleid, das häufig ins Rötliche spielt. Bezeichnend sind ihre *schwarzweiße Gesichtsmarkierung,* doch auch *die langen, schmalen, an den Spitzen mit Haarbüscheln versehenen Ohren.* Vom Scheitel bis über die Schultern hinweg erstreckt sich eine auffallende Mähne. Beiden Geschlechtern sitzen stark geringelte, halbkreisförmig nach hinten geschwungene Hörner auf. Die Jungen tragen bereits die Gesichtsmarkierung, doch wechseln sie in der Farbe vom hellen bis dunklen Rotbraun. Pferdeantilopen halten sich vor allem in offenen, hier und da bewaldeten Grasfluren auf, doch vermeiden sie mit kurzem Gras bestandenes Gelände. Gewöhnlich treten sie in kleinen, aus fünf bis 12 Tieren bestehenden Gruppen auf, die von einem ausgewachsenen Männchen geführt werden. In allen Herden obliegt jedoch dem weiblichen Leittier die Suche nach Futter und Ruheplätzen, während das Männchen die brünstigen Weibchen begattet und seine Herde gegen Rivalen verteidigt. Junge Männchen bilden Junggesellenherden. Die Brunst ist an keine bestimmte Jahreszeit gebunden. Die Jungen werden im Dickicht geboren, und sie halten sich ungefähr zwei Wochen in diesem Versteck auf.

Wildschutzgebiete: Krügerpark, Chobe, Hwange, Mana Pools, Kafue, Südluangwa, Nyika-Hochland, Upemba, Ruaha, Shimba Hills, Tarangire, Serengeti, Garamba, Kidepo, Masai Mara.

Ellipsenwasserbock *Kobus ellipsiprymnus Sch.1,3m*

Ganz oben: *Weibchen* Oben: *Männchen mit deutlicher, weißer Ellipse*

Der Wasserbock ist eine große, kräftige Antilope mit zotteligem, graubraunem Fell und *auffallendem, weißem Ring um den Schwanzansatz.* Auch um Nase und Maul sowie über den Augen ist das Haarkleid weiß, während sich ein weißer Streifen von der Kehle bis zum Ohrenansatz erstreckt. Nur dem Männchen sitzen lange, stark geringelte, weit geschwungene und nach vorne gerichtete Hörner auf. Die Jungen tragen ein helleres Haarkleid als die Weibchen. Diese Spezies ist an Dauergewässer gebunden, in deren Nähe sich Wälder oder offene Grasfluren mit Dickicht und Schilf befinden. Oft verrät der beißende Geruch, den die Tiere verbreiten, ihre Nähe. Junge

Männchen bilden Junggesellenherden, während Weibchen und ihre Nachzucht in Herden von fünf bis 10 Tieren leben. Junge werden ganzjährig, doch meistens in der Regenzeit abgelegt.
Wildschutzgebiete: St.-Lucia-Komplex, Hluhluwe/Umfolozi, Mkuzi, Krügerpark, Moremi, Chobe, Hwange, Mana Pools, Kafue, Südluangwa, Upemba, Tsavo, Garamba, Samburu, Meru, Nairobi.

Defassa-Wasserbock *Kobus e. defassa Sch. 1,3m*

D Balfour

A Weaving

Ganz oben: *Weibchen* Oben: *Männchen mit deutlichem Spiegel*

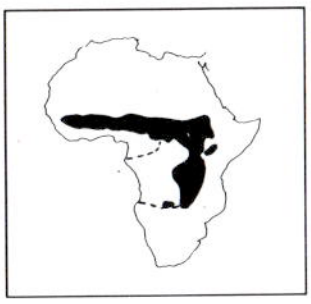

Zwischen dem Defassa und dem Ellipsenwasserbock besteht eine starke Ähnlichkeit, doch trägt der erstere – wenn auch nicht in allen Gebieten – ein helleres Haarkleid. Anstatt der deutlichen Ellipse hat der Defassa-Wasserbock einen weißen Spiegel. In bezug auf Standort und Verhalten bestehen aber keine Unterschiede.
Wildschutzgebiete: Ngorongoro, Nairobi.

Großer Kudu *Tragelaphus strepsiceros Sch. 1,4m*

Ganz oben: ♂ Oben: ♀

Den graubraunen Körper dieser stattlichen Antilope schmücken *sechs bis 10 senkrechte, weiße Streifen.* Sie verfügt über *große, runde Ohren*, einen buschigen Schwanz, das Männchen trägt *das typische, lange Schraubengehörn.* Das Äußere der Jungen entspricht dem der Weibchen. Diese Antilope hält sich v.a. in bewaldetem Gelände auf, stößt an Wasserläufen auch in aride Gebiete vor. Obwohl man größere Rudel gewahrt, finden sich gewöhnlich drei bis 10 Tiere zusammen. Männchen leben in Junggesellenherden oder sind Einzelgänger, während der Brunst gesellen sie sich zu den Weibchen. In Schutzgebieten sieht man Kudus häufig am Tage, doch in ungeschütztem Gelände sind sie nachtaktiv. Sie ernähren sich vorwiegend von Laub und Zweigen, da sie aber verschiedene Pflanzen verzehren, führte dies teilweise zur Reviererweiterung. I. allg. setzen die Weibchen in der Regenzeit ein einzelnes Junges.

Wildschutzgebiete: Karru, Addo-Elefanten, Hluhluwe/Umfolozi, Mkuzi, Krügerpark, Etoscha, Moremi, Chobe, Hwange, Mana Pools, Kafue, Südluangwa, Ruaha, Ngorongoro, Kidepo, Marsabit.

Kleiner Kudu: *Tragelaphus imberbis Sch. 1m*

Ganz oben: *Männchen* Oben: *Weibchen*

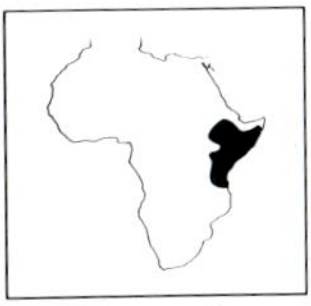

Dies ist sicher die anmutigste der mittelgroßen Antilopen. Nur dem erheblich schwereren Männchen (100 kg, Weibchen 62 kg) sitzt *ein langes (75cm) Schraubengehörn auf*. Diese elegante, schlanke Spezies trägt ein graubraunes Haarkleid, das am Rumpf *bis zu 15 schmale, senkrechte, weiße Streifen* beidseitig bedecken, während sich *am Hals zwei weitere, deutliche weiße Flecken* befinden. Die orangenfarbigen Läufe spielen ins Bräunliche. Auf der Flucht zeigt das Tier die weiße Unterseite seines Schwanzes. Der Kleine Kudu bewohnt Akazienwälder und dichtes Gestrüpp. Diese Tiere haben einen festen Standort und leben solitär, als Pärchen oder in kleinen Gruppen. Obwohl sie hauptsächlich nachtaktiv sind, erstreckt sich ihre Tätigkeit auch auf die kühlere Tageszeit. Sie ernähren sich vornehmlich von Laub, doch auch von ausgesuchten Gräsern. Die Jungen werden ganzjährig geboren.

Wildschutzgebiete: Ruaha, Tsavo, Tarangire, Kidepo, Meru.

Nyala *Tragelaphus angasii Sch. 1-1,1m*

Ganz oben: *Männchen* Oben: *Weibchen und Junges*

Diese hübsche Antilope ist zwar größer als das Buschböckchen, doch kleiner als der Große Kudu. Nur das Männchen trägt das *bloß gering schraubig gedrehte, mit weißen Spitzen versehene Gehörn*, ist schiefergrau und auch viel größer als das Weibchen. Eine *lange, erektile Mähne bedeckt das Rückgrat des Männchens*, während ebenfalls von der Kehle bis zwischen die Hinterläufe lange Zotteln herabhängen. Am Rumpf erstrecken sich *acht bis 14 weiße, senkrechte Streifen*, die Unterschenkel sind gelbbraun. Das gelbbraune Haarkleid des Weibchen und des Jungen spielt ins Rostbraun, *bis zu 18 senkrechte, weiße Streifen* bedecken den Rumpf, ihnen fehlt die Mähne als auch das lange, zottelige Haar. Der buschige Schwanz ist bei beiden Geschlechtern an der Unterseite weiß. Nyala kommen in der bewaldeten Trockensavanne vor und halten sich in Wassernähe auf. Gewöhnlich nimmt man kleine Gruppen, doch auch Mischherden und Einzelgänger wahr. Diese überwiegend laubfressende Spezies verabscheut jedoch gelegentlich auch keine Gräser.

Wildschutzgeb.: Hluhluwe/Umfolozi, Mkuzi, Ndumo, Krügerpark.

Sitatunga *Tragelaphus spekei Sch. 90cm*

Ganz oben: ♂ Oben: ♀ *(beide von der nördl. Rasse)*

Aufgrund ihrer Färbung unterscheidet man verschiedene Unterarten, wobei die nördlichen sich durch eine deutlichere Markierung auszeichnen als die südlichen. Bei dieser scheuen Antilope sind die Böcke größer als die Weibchen und tragen *ein an den Nyala erinnerndes Gehörn,* während ihre *Decke dunkel und zottelig ist.* Im allgemeinen führen Querstreifen und auch Sprenkel an der Flanke zu einer auffallenderen Zeichnung bei den Weibchen. Ein typisches Merkmal sind die *besonders langen Hufe* (18 cm), die sie zu spreizen vermögen, eine Anpassung, die ihr *sumpfiges Habitat* erfordert. Der Sitatunga kommt nur in morastigen Landstrichen mit Sümpfen und dichtem Schilf vor und schwimmt auch ohne weiteres. Meistens leben diese Antilopen in Gruppen, die aus einem ausgewachsenen Bock und einem oder mehreren Weibchen und deren Nachzucht bestehen, doch gewahrt man auch Einzelgänger oder Rudel halbwüchsiger Tiere. Obwohl sie tagaktiv sind, ruhen sie während der heißesten Tageszeit auf einem Lager aus niedergetrampeltem Schilf. Sie ernähren sich vorwiegend von Schilf und Gräsern, vertilgen aber auch Laub. Nach einer Tragzeit von 220 Tagen wird ein einzelnes Kitz geboren.

Wildschutzgebiete: Moremi, Chobe, Kafue, Salonga, Ruwenzori, Königin-Elisabeth.

Buschbock *Tragelaphus scriptus Sch. 75cm*

Ganz oben: *Weibchen* Oben: *Männchen*

Färbung und Musterung dieser mittelgroßen Antilope (30 - 45 kg) erweist sich, dem Gebiet entsprechend, als besonders abwechslungsreich: hell- bis dunkelbraun mit geringer, heller Markierung oder leuchtendes Rostbraun mit zahlreichen weißen Tüpfeln und Streifen. Nur Männchen tragen kurze, scharfe Hörner. An der *Kehle befinden sich immer zwei weiße Flecken*, die Läufe ziert eine weiße Musterung, während sich am Rückgrat des Männchens *ein Kamm erhebt*, wenn es sich zur Schau stellt. In ihren unterschiedlichen Habitaten ist diese Antilope nur von Busch- und Waldgebieten in

Wassernähe abhängig. I. allg. lebt sie einzeln, doch Pärchen und lockere Gruppierungen sind nicht selten. Der laubfressende Buschbock ist vorwiegend nachtaktiv, teilweise auch tagsüber tätig. **Wildschutzgebiete:** Addo-Elefanten, St.-Lucia-Komplex, Hluhluwe/Umfolozi, Krügerpark, Moremi, Chobe, Mana Pools, Kafue, Südluangwa, Nyika-Hochland, Upemba, Arusha, Manyarasee, Ngorongoro, Ruwenzori, Virunga, Garamba, Königin-Elisabeth, Mt Elgon, Marsabit, Samburu, Meru, Mt Kenia, Aberdares, Masai Mara, Nairobi.

Bongo *Boocercus euryceros Sch. 1,25m*

Weibchen

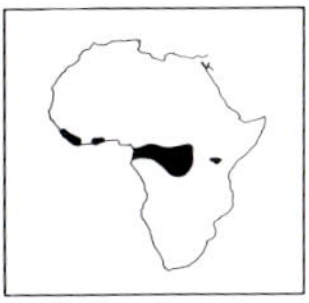

Der Bongo zählt zu den großen *Waldantilopen* (♂ 300kg ♀ 240kg). Beide Geschlechter tragen ein *kräftiges, leicht geschraubtes Gehörn*. Das *leuchtende Kastanienbraun der Decke markieren 10-16 schmale, doch deutliche weiße Schrägstreifen*, die sich von der Schulter bis zur Keule erstrecken, während die Unterseite dunkler ist und die Vorderläufe eine auffallende schwarzweiße Musterung tragen. Diese Spezies lebt in dichten Wäldern, manchmal im Bambusdickicht. Die meisten ausgewachsenen Männchen sind Einzelgänger, die Weibchen und ihre Nachzucht leben in Rudeln. Abgesehen von der Brunft bilden sich bloß vorübergehend gemischte Gruppen. Der laubfressende Bongo ernährt sich von einer Reihe verschiedener Pflanzen. Ein einzelnes Junges wird nach einer Tragzeit von 284 Tagen geboren. **Wildschutzgebiete:** Salonga, Virunga, Mt Kenia, Aberdares.

Letschwe *Kobus leche Sch. 1m*

P Meakin

J Carlyon

P S M Berry

Ganz oben: *Roter Letschwe (männl.) mit Weibchen* Links: *Männl. Roter Letschwe, Moremi* Rechts: *Männl. Schwarzer Letschwe, Sambia*

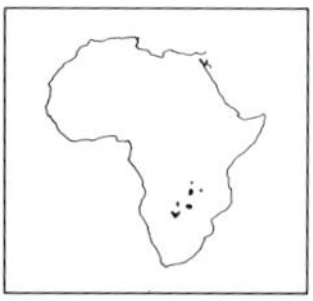

Der Rücken dieser mittelgroßen Antilope fällt schräg von der *Hinterhand zu den Schultern ab.* Nur das Männchen trägt lange, stark geringelte, leierförmige Hörner. Man unterscheidet infolge der Zeichnung mehrere Unterarten. Im Süden kontrastiert das an der Oberseite leuchtende Kastanienbraun mit dem sonst vom Kinn bis zum Bauch weißen Haarkleid. *Auffallende schwarze Streifen bedecken vorn die Vorderläufe.* Letschwe sind an Schwemmebenen sowie jahreszeitlich überflutete Sümpfe gebunden. Sie äsen sogar im seichten Wasser und ernähren sich fast ausschließlich von Sumpfgräsern. Die Rudel sind im allgemeinen kaum über 30 stark. Die ausgewachsenen Männchen verteidigen ihr Territorium, ohne jedoch durchziehende Zuchtherden zu behelligen und begatten die brünstigen Weibchen. Am Rande dieser Reviere finden sich kleine Junggesellenherden zusammen.

Wildschutzgebiete: Moremi, Chobe, Kafue.

Puku *Kobus vardonii Sch. 80cm*

J Carlyon

Ganz oben: *Männchen* Oben: *Zwei Weibchen*

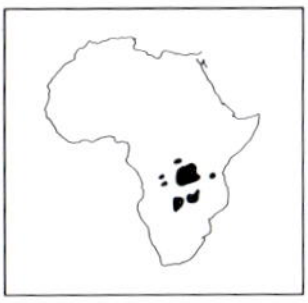

Das Haarkleid dieser mittelgroßen Antilope ist vorwiegend *goldgelb, heller an den Flanken*, an der Unterseite grauweiß. Sie verfügt auch über einen goldgelben Wedel und einheitlich braune Läufe. Nur dem Männchen sitzen *verhältnismäßig kurze, starke, leierförmige Hörner mit deutlichen Ringen auf*. Der Puku kommt in Auen und Grasfluren am Sumpfrand und Flußufer vor. Die Größe der Herden wechselt von bloß fünf bis zu 30 Exemplaren. Ausgewachsene Männchen verteidigen nur zeitweilig ihr Territorium und paaren sich mit brünstigen Weibchen der Zuchtherden. Puku sind Grasfresser. Die meisten Jungen werden während der Trockenzeit abgelegt.
Wildschutzgebiete: Chobe, Kafue, Südluangwa.

Kob *Kobus kob Sch. 92cm*

B Campbell/BCL

Männchen

Da die Kob *dem Puku in der Größe und im Aussehen gleicht,* bezeichnen manche Kenner sie als eine Spezies. Das stämmige Männchen kann bis zu 120 kg wiegen, hat einen muskulösen Hals und starke, leierförmige Hörner. Dem zarteren Weibchen sitzen keine Hörner auf. Aufgrund der Färbung unterscheidet man mehrere Unterarten. Die meisten Tiere des angegebenen Gebiets sind rotbraun, *tragen einen weißen Fleck am Hals* und eine *auffallende schwarze Zeichnung an der Vorderseite der Läufe.* An der Unterseite sind sie weiß. Ihr bedeutendster Standort befindet sich in Schwemmebenen und hügeligem Gelände, doch sind sie an Dauergewässer gebunden. Zu einem Rudel finden sich ca. 15 bis 40 Tiere zusammen. Bei besonders dichtem Bestand verteidigen die ausgewachsenen Männchen ein kleines, kreisförmiges Revier, an das bis 15 andere Reviere angrenzen können. Die Ricken begeben sich während der Brunft in diese Territorien, ohne an ein einziges gebunden zu sein. Männchen ohne Revier schließen sich der Zuchtherde an. Kob sind Grasfresser. **Wildschutzgebiete:** Ruwenzori, Garamba, Kidepo, Murchison Falls, Semliki, Königin-Elisabeth.

Bergriedbock *Redunca fulvorufula Sch. 72cm*

National Parks Board

Ganz oben: *Weibchen* Oben: *Männchen*

Diese kleine Antilope (30kg) ist oben graubraun, unten weiß. *Am Kopf und Nacken* hat die Decke gewöhnlich *einen Stich ins Gelbliche*. Wird das Tier aufgeschreckt, stellt es den buschigen Schwanz auf, so daß die weiße Unterseite deutlich sichtbar ist. Nur dem Männchen sitzen *kurze, geringelte und nach vorn geschwungene Hörner* auf. Diese Antilopen sind auf gebirgiges und hügeliges Gelände mit vereinzelten Sträuchern und grasbestandenen Hängen beschränkt und an Wasser gebunden. Die Kindergärten, die sich aus zwei bis sechs Weibchen mit deren Jungen zusammensetzen, bewegen sich frei durch die von den Böcken ganzjährig verteidigten Reviere. Böcke ohne Revier sind Einzelgänger oder bilden Junggesellengruppen. Der Riedbock ist zwar nacht- und tagaktiv, ruht aber in der Tageshitze. Diese Grasfresser gebären ein einzelnes Junges im Dickicht, das zwei bis drei Monate im Versteck bleibt.

Wildschutzgebiete: Bergzebrapark, Giant's-Castle, Krügerpark, Pilanesberg, Kilimandscharo, Ngorongoro, Kidepo, Meru.

Großriedbock *Redunca arundinum Sch. 80-95 cm*

Männchen

Weibchen

Diese mittelgroße Antilope ist braun oder graubraun, unten weiß. Der kurze, buschige und oben graubraune Schwanz ist ebenfalls unten weiß. Die Vorderläufe tragen vorn *einen senkrechten, schwarzen Streifen.* Nur beim Männchen sind die nach vorn gerichteten, leicht geringelten Hörner entwickelt. Der Großriedbock bevorzugt hohe Gräser und Riedbestände an Dauergewässern. Meistens gewahrt man Pärchen in Revieren, die von den Männchen verteidigt werden, oder auch größere Gruppen. Sie sind tag- und nachtaktiv, und in den von ihnen bewohnten Gebieten vernimmt man ihre typischen, lauten Warnpfiffe. Diese Grasfresser verstekken ihre Jungen nach der Geburt zwei bis drei Monate lang.
Wildschutzgebiete: St.-Lucia-Komplex, Hluhluwe/Umfolozi, Krügerpark, Moremi, Chobe, Hwange, Mana Pools, Kafue, Südluangwa, Ruaha, Selous.

Bohor Riedbock *Redunca redunca Sch. 70-90 cm*

M Quraishy/BCL

Etwas kleiner als der Große Riedbock, Oberseite ist *gelblich bis zum hellen Rotbraun,* Unterseite weiß. *Schwarze Zeichnung an den Vorderläufen,* nur das Männchen setzt Hörner auf, die gedrungen und nach vorn gebogen sind. Man trifft diese Antilopen vor allem in Überschwemmungsgebieten, Riedbeständen und Auen an. Bis zu fünf Weibchen können sich innerhalb des Brunftreviers eines Bockes aufhalten. Man beobachtete bereits Rudel von über 20 Tieren, doch kommt dies eigentlich nur vor, wenn besonders viel Nahrung vorhanden ist, während eine besonders dichte Bevölkerung ebenfalls auf das geeignetste Habitat schließen läßt. Der Bohor Riedbock ist Grasfresser. Die Jungen werden bis zum zweiten Lebensmonat versteckt.

Wildschutzgebiete: Serengeti, Ruwenzori, Kidepo, Königin-Elisabeth.

Rehantilope *Pelea capreolus Sch. 75 cm*

Ganz oben: *Bock* Oben: *Ricke*

Eine kleine (20 kg), graziöse Antilope mit oben *dickem, wolligem, grauem Haarkleid,* unten weiß. Bei der schaukelpferdartigen Laufbewegung wird die weiße Schwanzunterseite sichtbar. Sie hat lange, schmale Ohren und eine etwas geschwollen wirkende, *große, schwarze Nase.* Nur beim Männchen entwickeln sich schlanke, gerade emporwachsende Spieße. Obwohl sie sich im allgemeinen in hügeligem oder gebirgigem Gelände aufhalten, haben sie sich den südlichen Getreidefeldern gut angepaßt. Sie leben rudelweise, meistens ein Männchen, mehrere Weibchen und deren Junge. Obwohl sie sich vorwiegend von Gras ernähren, verschmähen sie gelegentlich auch kein Laub.

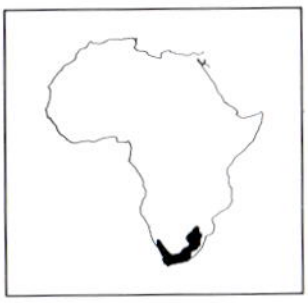

Wildschutzgebiete: Bontebok, Giant's-Castle.

Weißschwanzgnu *Connochaetes gnou Sch. 1,2 m*

Bulle mit auffallendem "Helm"

Diese auch als Wildebeest bekannte Antilope wirkt mit ihrer *schwarzen Färbung* und *dem weißen "Pferdeschwanz"* grotesk. Beide Geschlechter setzen hakig nach vorn und oben gebogene Hörner auf, die sich beim Bullen am Ansatz zu einem "Helm" verdicken. Das *Gesicht ist mit borstenartig abstehenden Haarbüscheln* bedeckt, auch am Hals und zwischen den Vorderbeinen wächst bis zur Brust langes Haar. Vom Nackenansatz bis zu den Schultern richtet sich eine Mähne auf. Diese Spezies lebt in von Gestrüpp durchsetzter, offener Steppe. Kühe mit ihren Kälbern durchziehen herdenweise die Reviere der Bullen, die sie während der Brunft an diese Reviere zu binden suchen. Bullen ohne Revier bilden Junggesellenherden. Diese gesellig lebenden Tiere sind tagaktiv, doch vorwiegend während der kühleren Tageszeit, denn in der Mittagshitze ruhen sie, wenn auch nicht unbedingt im Schatten. Sie ernähren sich hauptsächlich von Gräsern, fressen jedoch auch gelegentlich Laub. Die meisten Kälber werden in der Mitte des Sommers geboren. Früher konnte man noch riesige Herden beobachten, wobei sich das inzwischen ausgestorbene Quagga zu den Weißschwanzgnus gesellte, die ebenfalls durch den Eingriff der Großwildjäger und Farmer stark dezimiert wurden. Heutzutage zählt es zu den seltensten großen Säugetieren der Erde. Man schätzt die Bevölkerung auf ca. 4 000 Exemplare, von denen die meisten im Oranjefreistaat und in den anliegenden Gebieten des Kaplands und Transvaals leben.

Wildschutzgebiete: Karru, Bergzebra, Giant's-Castle, Willem-Pretorius.

Streifengnu *Connochaetes taurinus Sch. 1,4 m*

Kuh mit Kalb (südl. Rasse)

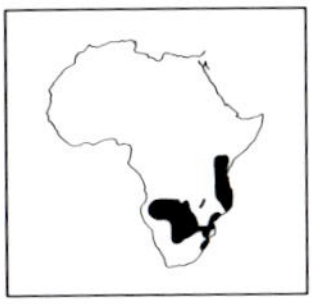

Der *höhere, stämmigere Vorderkörper* dieser Großantilope fällt zu den Hinterbeinen ab, sie hat einen großen Kopf mit breitem Maul. Das bräunlich oder bläulich schillernde, dunkelgraue Haarkleid weist vom *Hals bis an das Hinterteil* einige *dunklere, senkrechte Streifen* auf. Eine verhältnismäßig lange, schwarze Mähne bedeckt den Nacken bis zu den Schultern, und an der Kehle wächst ihr ein schwarzer Bart. Die nordöstliche Bevölkerung ist im allgemeinen heller und hat einen schmutzigweißen Bart. Beide Geschlechter tragen an Büffel erinnernde Hörner, doch sind sie beim Bullen wesentlich kräftiger als bei der Kuh. Der schwarze Schweif erinnert an den Pferdeschwanz. Die Kälber sind von hellem Rötlichbraun und haben ein dunkleres Gesicht. Das Streifengnu lebt in offener Steppe oder Baumsavanne. Bis zu 30 Exemplare finden sich i. allg. zusammen, obwohl auch vorübergehend größere Herden entstehen, in denen kleinere Trupps immer noch eine Einheit bilden. Auf der Wanderung verteidigen die Bullen "verschiebbare" Reviere mit bis zu 150 Kühen und deren Nachzucht. Kindergärten durchqueren unbehindert das Revier mehrerer Bullen, die brünftigen Kühe dieser Herde können auch von mehr als einem Bullen begattet werden. Außerhalb der Brunft werden die Kuhherden nicht von den Bullen zusammengetrieben. Streifengnus sind Grasfresser.

Wildschutzgebiete: Hluhluwe/Umfolozi, Mkuzi, Krügerpark, Kalahari-Gemsbock, Etoscha, Moremi, Chobe, Hwange, Kafue, Südluangwa, Selous, Tarangire, Ngorongoro, Serengeti, Masai Mara, Nairobi, Amboseli.

Lichtenstein – Kuhantilope *Sigmoceros lichtensteinii Sch. 1,25m*

E A Zaloumis

Bulle

Obwohl diese Antilope mit ihrem *besonders hohen Widerrist* recht ungelenk wirkt, ist sie behende und schnell. Von dem im ganzen gelbbraunen Haarkleid sticht ein etwas *dunklerer Sattel* zwischen Schulter und Hinterbeinen hervor. Die Unterseite ist heller, während den Steiß ein gebrochen weißer Fleck ziert. Langes, schwarzes Haar bedeckt den Schwanz, der Schwanzansatz ist jedoch weiß. Beide Geschlechter setzen Hörner auf, die zweimal geknickt und am Ansatz abgeflacht sind. Diese Tiere bewohnen offene Gehölze an Sümpfen oder Überschwemmungsgebieten. Im allgemeinen finden sich bis zehn Tiere zusammen, doch bemerkt man gelegentlich auch größere Herden. Der territoriale Bulle hält sich mit einigen Kühen und Kälbern in einem abgesteckten Revier auf, an dessen Rand die Junggesellenherden leben. Diese Grasfresser ernähren sich vorwiegend von hohen Gräsern. Nach einer Tragzeit von 240 Tagen wird ein einzelnes Kalb (meistens zwischen Juli und Oktober) geboren, doch ist die Brutzeit unterschiedlich und von der Umwelt bestimmt. Trotz der weiten Verbreitung dieser Spezies ist der heutige Bestand im südlichen Afrika auf vereinzelte Gruppen beschränkt. Nachdem man sie Mitte der achtziger Jahre aus Malawi einführte, kommt sie in Südafrika nur im Krüger-Nationalpark vor. **Wildschutzgebiete:** Krügerpark, Kafue, Südluangwa, Upemba, Ruaha.

Hunter-Kuhantilope *Damaliscus hunteri Sch. 98 cm*

E & P Bauer/BCL

Eine der selteneren Antilopen Ostafrikas, entspricht im Aussehen anderen Kuhantilopen, ist jedoch zarter gebaut. Das Haarkleid ist gänzlich gelbbraun, zwischen den Augen trägt sie einen weißen Sparren, der lange Schwanz ist teilweise weiß. Auch das Gehörn unterscheidet sich von dem ihrer Vettern, da ihr der typische, breite "Helm" fehlt, und sie läßt sich in dieser Hinsicht eher mit der Schwarzfersenantilope vergleichen. Sie bevorzugt mit vereinzelten Büschen durchsetzte, offene Steppe. Ihr Verbreitungsgebiet ist äußerst beschränkt, und sie lebt herdenweise (bis zu 25 Exemplare).

Wildschutzgebiete: Keine

Rote Kuhantilope *Alcelaphus buselaphus Sch. 1,2 m*

A Weaving

Ganz oben: *Bulle (südl. Rasse)*
Oben:*Kongoni (Unterart, Kenia)*

Bei dieser Kuhantilope kennt man mehrere Unterarten, die vornehmlich durch die Form des Gehörns, doch auch durch ihre Färbung bestimmt werden. Im Süden kommt nur eine Unterart vor. Ein besonders *hoher Widerrist*, ein hellrehfarbenes bis goldbraunes Haarkleid, *die Schwarzzeichnung in der Mitte des langen Gesichts* und der Beine fällt ebenso auf wie der deutliche, hellgelbe oder gebrochen weiße Spiegel. Eindeutig und unverwechselbar ist die Form der Hörner. Die Rote Kuhantilope lebt in offener und gering bewaldeter Savanne. Die Größe der Herden schwankt zwischen 20 und mehreren Hundert Tieren. Die beste Weide beansprucht der Harem, der sich aus dem Revierherrn, Kühen und deren Nachzucht zusammensetzt, während sich Junggesellen am Rande dieses Gebiets aufhalten. Die Tiere unternehmen beträchtliche Wanderungen und legen auf der Weidesuche erhebliche Abstände zurück. Die meisten Kälber werden zu Beginn der Regenzeit abgelegt.

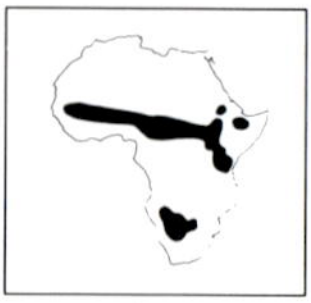

Wildschutzgebiete: Karru, Bergzebra, Addo-Elefanten, Kalahari-Gemsbock, Etoscha, Hwange, Selous, Tsavo, Serengeti, Kidepo, Masai Mara, Nairobi.

Halbmondantilope *Damaliscus lunatus Sch. 1,2 m*

Man könnte diese Antilope mit ihrem langen Gesicht und hohem Widerrist mit der Kuhantilope verwechseln. Das Haarkleid ist oben von dunklem Rotbraun mit *purpurnem Glanz,* die Beine sind jedoch oben etwas dunkler, ebenso die untere Schulterpartie und der Kopf. Beide Geschlechter tragen das leierförmige, stark geringelte Gehörn. Sie sind Grasfresser und bevorzugen offenes, graswüchsiges Waldland, wo sie sich von mittelhohen Gräsern und neuen Trieben in abgebrannten Gebieten ernähren. Die gewöhnlich kleinen Herden (bis sechs Tiere) werden von einem Bullen geführt und verlassen ihr Revier nie. Die jungen, vertriebenen Bullen bilden Junggesellengruppen. Im Süden werden die Jungen zwischen Oktober und Dezember gesetzt.

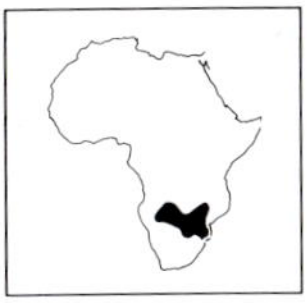

Wildschutzgebiete: Pilanesberg, Krügerpark, Etoscha, Moremi, Chobe, Hwange.

Topi *Damaliscus korrigum Sch. 1,2 m*

P Frere

Ein verhältnismäßig großes, der Halbmondantilope ähnliches Tier, so daß beide von manchen Kennern als eine Spezies bezeichnet werden. *Der Widerrist ist besonders hoch,* die Färbung rotbraun bis purpurrot, v.a. fällt der *Glanz des Haarkleids* auf. Die Beine sind unten von gelblichem Orange. Das Gehörn ist stark geringelt und leierförmig. Man unterscheidet mehrere Rassen des Topi, der das offene, graswüchsige Waldland bevorzugt. Gewöhnlich leben 15 bis 30 Exemplare gesellig, doch sind größere Herden nicht selten. Man gewahrt sie oft in Begleitung anderer Herdentiere. Während der Brunst stecken die Bullen ihr Revier ab, was die Freiheit der "Kindergärten" jedoch nicht einschränkt. Der Topi ernährt sich von kurzen Gräsern.

Wildschutzgebiete: Tsavo, Serengeti, Salonga, Masai Mara.

Bleßbock *Damaliscus dorcas phillipsi Sch. 95 cm*

J Carlyon

J Carlyon

Ganz oben: *Männchen* Oben: *halbwüchsige Tiere*

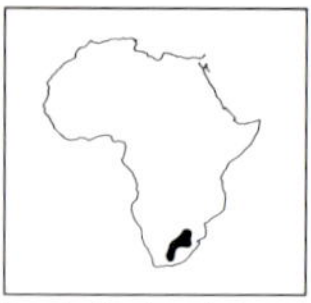

Der Bleßbock unterscheidet sich vom Buntbock durch sein rotbraunes Haarkleid, dem der *purpurne Glanz* und der weiße Spiegel *fehlt. Die weiße Blesse unterbricht gewöhnlich zwischen den Augen eine braune Binde.* In bezug auf die Hörner gleicht diese Unterart dem Buntbock, doch ist diese oben *strohfarben.* Er bevorzugt offene Grasfluren, ist jedoch nicht, wie der Buntbock, ganzjährig an ein bestimmtes Revier gebunden. Im Winter finden sich große Mischherden zusammen. Die Jungen werden zwischen November und Januar abgelegt.
Wildschutzgebiete: Bergzebra, Willem-Pretorius

Buntbock *Damaliscus dorcas dorcas Sch. 90 cm*

Ganz oben:*Männchen* Oben:*Jungtier*

Eine hübsche Antilope mit kräftigem, *dunkelbraunem Haarkleid,* dunkleren Flanken und oberen Gliedmaßen, von denen die weiße *Bauchseite, der Spiegel* und die unteren Glieder abstechen. Den *purpurnen Glanz* der Oberseite bemerkt man besonders beim ausgewachsenen Männchen. Eine *ununterbrochene Blesse erstreckt sich vom Hornansatz bis zum Geäse* und verengt sich nur zwischen den Augen. Der Widerrist ragt weit über die Kruppe hinaus, der Kopf ist lang und zugespitzt. Beide Geschlechter tragen einfache, schwarze, leierförmige, geringelte Gehörne. Buntböcke kommen nur im extremen Südwesten natürlich vor. Kindergärten können unbehelligt Reviere der Männchen durchziehen, während der Brunst sind diese bestrebt, die Herden an ihre Reviere zu binden. Junge werden im September und Oktober gesetzt.

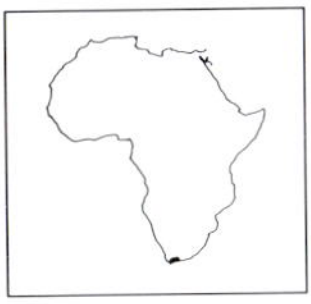

Wildschutzgeb.: Kap d. Guten Hoffnung, Buntbock.

Schwarzfersenantilope *Aepyceros melampus Sch. 90 cm*

Schwarznasenimpala

Diese mittelgroße (40-50 kg) Antilope ist in vielen der bedeutendsten Wildschutzgebiete weit verbreitet. Sie ist oben rehbraun, die helleren Flanken gehen in das Weiß der Brust, des Bauches, der Kehle und des Kinns über.Den *Steiß ziert beidseitig ein senkrechter, schwarzer Streifen. Oberhalb des Hufes* wächst an jedem Hinterlauf ein *schwarzes Haarbüschel*, das bloß bei dieser Spezies vorkommt. Nur die Männchen setzen lange, elegante, leierförmige Hörner auf. Die in Nordnamibia und im südwestlichen Angola lebende Schwarznasenimpala erkennt man an ihrer charakteristischen, schwarzen Gesichtszeichnung. Schwarzfersenantilopen bevorzugen offene, graswüchsige Gehölze und vermeiden Grasfluren. Im Süden stecken die männlichen Leittiere nur während der Brunst (Januar bis Mai) ihr Revier ab, sonst leben sie in Junggesellenherden. In der Brunst lassen die Männchen typisches *Knurren, Schnaufen und Röhren* ertönen. Die Nahrungsgebiete der Kindergärten können sich über die Reviere mehrerer Männchen erstrecken, doch versuchen diese, während der Brunst 15 bis 20 Ricken zur Begattung zusammenzutreiben. Diese Antilopen sind Gras- und Laubfresser.

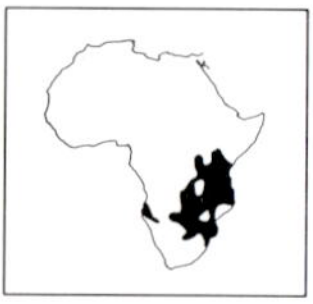

Wildschutzgebiete: Hluhluwe/Umfolozi, Mkuzi, Krügerpark, Etoscha, Chobe, Hwange, Mana Pool, Kafue, Südluangwa, Ruaha, Manyarasee, Ngorongoro, Samburu, Meru, Nairobi.

Giraffengazelle *Litocranius walleri Sch. 95 cm*

G Cubitt

Männchen

Dank ihres *äußerst langen, schlanken Halses und der langen Läufe* ist diese Gazelle nicht zu verkennen. Das Haarkleid ist oben von rötlichem Rehbraun, die Flanken sind heller, während eine deutliche dunkle Linie die weiße Bauchseite abgrenzt. Ein *weißer Augenring verjüngt sich zum Geäse hin.* Nur das Männchen setzt verhältnismäßig kurze (30 cm), stark geringelte Hörner auf, die charakteristisch geschwungen sind. Diese Spezies bewohnt aride Gebiete, meistens Dornsavanne. Die Giraffengazelle lebt vorwiegend einzeln, doch kleine Gruppen sind nicht selten. Da sie langhalsig und -beinig ist, sich obendrein auch häufig auf die Hinterläufe erhebt, hat sie beim Laubfressen wenig Konkurrenz zu fürchten.

Wildschutzgebiete: Tsavo, Samburu, Meru.

Springbock *Antidorcas marsupialis Sch. 75 cm*

Ganz oben: *Männchen* Oben: *Weibchen mit Neugeborenem*

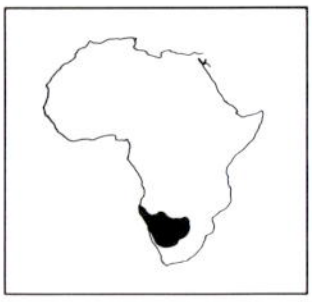

Der auffallend gezeichnete Springbock ist die einzige Gazelle des südlichen Afrikas. Ein dunkler, *rotbrauner Streifen* trennt die gelbbraune Oberseite von der weißen Bauchseite. Am weißen Kopf erstreckt sich ein dünner Streifen von den Augen bis zum oberen Maulwinkel. *Die verlängerten Rückenhaare* gewahrt man nur, wenn das Tier "prunkt", d.h. mit steifen Beinen und gekrümmtem Rücken emporspringt. Beide Geschlechter tragen geringelte, leierförmige Hörner, doch sind die des Weibchens schlanker. Der Springbock lebt in ariden, offenen Flächen des Binnenlands. Während der Brunst stecken die Männchen ihr Revier ab und treiben dort Weibchen zusammen. Rudel sind i. allg. klein, doch sieht man v.a große Gruppen beim Äsen. Man bemerkt vorwiegend Misch-, auch Junggesellenherden. Der Springbock ist Laub- und Grasfresser, gräbt Wurzeln, Knollen aus. Geburten besonders in der Regenzeit. **Wildschutzgebiete:** Karru, Bergzebra, Willem-Pretorius, Kalahari-Gemsbock, Namib-Naukluft, Etoscha.

Thomson-Gazelle *Gazella thomsoni Sch. 65 cm*

D Balfour

D Balfour

Ganz oben: ♂ Oben: ♀ *und Junges*

Eine *kleine Gazelle,* die kaum mehr als 28 kg wiegt. Die obere Körperseite ist im allgemeinen von fahlem Gelbbraun, das ein *breiter, schwarzer, horizontaler Streifen* klar von der weißen Bauchseite trennt. Sie trägt einen *kennzeichnenden, weißen Augenring,* während *der kurze Schwanz gänzlich mit schwarzem Haar bedeckt ist.* Die ziemlich dicht beieinanderstehenden Hörner sind geringelt und ca. 30 cm lang, wobei die Hörner des Weibchens schlanker und meistens kürzer sind. Diese Spezies bewohnt offene Grasfluren und vermeidet dichtes

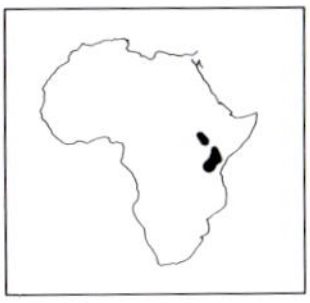

Gebüsch. Die im Volksmund als "Tommies" bezeichneten Gazellen leben herdenweise (bis 60 Exemplare) und werden zwar von einem alten, weiblichen Leittier geführt, doch begleitet sie ein einziges, ausgewachsenes Männchen. Zu bestimmten Jahreszeiten finden sich mehrere Herden auf der Wanderung zur bevorzugten Weide zusammen. Man nimmt Thomson-Gazellen meistens mit Grant-Gazellen und Schwarzfersenantilopen wahr. Die Gazelle ist vor allem Grasfresser, ergänzt ihre Nahrung aber auch teilweise mit Laub. Die Jungen können zwar ganzjährig gesetzt werden, doch legt das Weibchen sie meistens gegen Ende der Regenzeit ab.

Wildschutzgebiete: Ngorongoro, Serengeti, Maisai Mara, Nairobi, Amboseli.

Grant-Gazelle *Gazella granti Sch. 82 cm*

D Balfour

Männchen

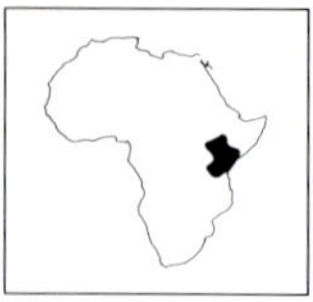

Diese *große Gazelle* (bis 80 kg) ist oben *durchgehend rotbraun*, an der Bauchseite weiß und könnte daher mit der männlichen Schwarzfersenantilope oder der Thomson-Gazelle verwechselt werden. *Den weißen Spiegel begrenzt außen ein senkrechter, schwarzer Streifen*, während man auch ein horizontales Band bemerkt, das allerdings bei den ausgewachsenen Tieren ziemlich undeutlich ist. *Ein weißer Streifen erstreckt sich vom Auge bis zur Nase.* Je nach der Rasse stehen die langen, geringelten Gehörne stärker beieinander oder auseinander. Die Gazellen gedeihen in unterschiedlichen, vom Gestrüpp der Halbwüste bis zur offenen Baumsavanne reichenden Habitaten, vermeiden jedoch Fluren mit langen Gräsern. Sie sind Gras- sowie Laubfresser und leben herdenweise (bis 30 Exemplare), wobei ein ausgewachsenes Männchen die Weibchen und deren Nachzucht leitet. Grant-Gazellen legen ihre Jungen ganzjährig ab. Aufgrund der Form des Gehörns unterscheidet man mehrere Unterarten dieser Antilope. Beispielsweise hat *petersi* relativ kurze,schmale Hörner, die fast gerade sind, während die Spitzen der vielgestaltigen Hörner bei *robertsi* nach unten gerichtet sind.
Wildschutzgebiete: Ngorongoro, Serengeti, Samburu, Masai Mara, Nairobi, Amboseli.

Klippspringer *Oreotragus oreotragus Sch. 60 cm*

Ganz oben: ♀ Oben: ♂

Erscheinung und Standort unterscheiden diese kleine Antilope (10-13 kg) von anderen Arten. Das *grobe, borstige Haarkleid* spielt vom Gelbbraunen ins Graugelbe und wirkt ausgesprochen meliert. Den Bauch, das Kinn und die Lippen bedeckt weißes oder cremefarbenes Haar. Es ist die einzige Antilope, die *auf den Hufspitzen* läuft. Das Männchen trägt kurze, gerade, weit auseinanderstehende Spieße, bei manchen nördlichen Beständen setzt auch das Weibchen Hörner auf. Klippspringer kommen nur in Gebirgen oder anderen felsigen Gebieten vor. Auch im unwegsamsten Gelände sind sie jedoch äußerst behende und flink. Man nimmt Pärchen oder Familiengruppen wahr; das Männchen verteidigt sein Revier. Innerhalb ihres Wohngebietes hinterlassen sie gemeinschaftliche, verstreute Kotplätze. Oft macht der laute, nasale Warnpfiff auf die Anwesenheit dieser Spezies aufmerksam, die sich hauptsächlich von Laub ernährt. Ein einzelnes Junges, das bei der Geburt ca. 1 kg wiegt, kann ganzjährig abgelegt werden.

Wildschutzgebiete: Karru, Bergzebra, Giant's-Castle, Krügerpark, Namib-Naukluftpark, Hwange, Upemba, Tsavo, Manyarasee, Ngorongoro, Serengeti, Kilimandscharo, Samburu.

Oribi (Bleichböckchen) *Ourebia ourebi Sch. 60 cm*

Ganz oben: ♂ Oben: ♀

Die größte (14 kg) der Zwergantilopen, die aus der Ferne für ein Steinböckchen gehalten werden könnte. Die Decke ist oben von hellem rotgelbem Braun, die Bauchseite weiß, an der Kehle bemerkt man einen hellen Fleck. Sie hat einen *verhältnismäßig langen Hals,* kleinere Ohren als das Steinböckchen und einen auffallenden, *kurzen, an der Spitze schwarzen Schwanz.* Das Männchen setzt kurze, gerade, teilweise geringelte Spieße auf. Oribi kommen nur in offenen, mit kurzen Gräsern bestandenen Fluren vor, in denen ihnen jedoch die längeren Gräser Deckung bieten. Das Männchen ist stark an sein Revier gebunden und gelegentlich begleiten es bis zu vier Weibchen. Gemeinschaftliche Kothaufen stecken das Revier ab. Werden sie aufgestört, geben sie einen schrillen Pfiff von sich, preschen ein Stück davon, drehen sich dann aber um und beäugen die Ursache der Störung. Gelegentlich beobachtet man, wie sie bei Gefahr mit steifen Beinen emporschnellen und ihre schwarze Schwanzspitze sehen lassen. Sie ernähren sich von ausgesuchten, kurzen Gräsern. Während der Sommermonate legen sie ein einzelnes Junges ab, das während der ersten vier Lebensmonate versteckt wird.

Wildschutzgebiete: Giant's-Castle, Chobe, Kafue, Südluangwa, Upemba, Serengeti, Akagera, Kidepo, Murchison Falls, Mt. Elgon.

Steinböckchen *Raphicerus campestris Sch. 50 cm*

Ganz oben: *Männchen beschnüffelt ein Weibchen* Oben: *Weibchen*

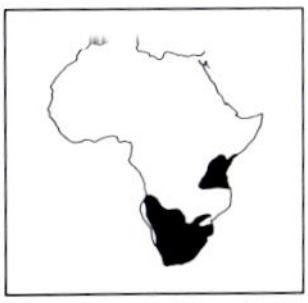

Von den Zwergantilopen ist diese am weitesten verbreitet, und man bekommt sie häufig zu Gesicht. Charakteristisch sind die *großen Ohren*. Die Decke ist oben größtenteils rehbraun und ohne jegliche Zeichnung, doch sind die Bauchseite und Innenseite der Läufe weiß. Sie verfügt über einen ebenfalls rehbraunen, kurzen Schwanz. Das Männchen trägt kurze, gerade, spitze Spieße. Steinböckchen bevorzugen offenes Gelände mit einiger Deckung. Sie sind an ein Revier gebunden und leben einzeln oder paarweise. Unter den Antilopen sind sie insofern einmalig, als sie den Boden mit den Vorderhufen aufscharren, dort Kot und Urin lassen und die Stelle wieder bedecken. Ein Junges wird gewöhnlich im Sommer abgelegt. **Wildschutzgebiete:** Buntbock, Karru, Bergzebra, Willem-Pretorius, Hluhluwe/Umfolozi, Mkuzi, Krügerpark, Pilanesberg, Kalahari-Gemsbock, Namib-Naukluft, Etoscha, Chobe, Hwange, Ngorongoro, Serengeti, Nairobi.

Sharpes-Greisbock *Raphicerus sharpei Sch. 50 cm*

A Weaving

Ganz oben: *Bock* Oben: *Ricke*

Entspricht in der Erscheinung dem Kap-Greisbock, doch die Verbreitungsgebiete der beiden Tiere überschneiden sich nicht. Auch fehlt ihm die kräftige, rötliche Färbung und ist er kleiner (7,5 kg) als sein Vetter. Er bevorzugt niedriges Strauchwerk, oft an bewachsenen, steinigen Hügeln, das an offene Grasfluren angrenzt, doch kommt auch in trockenen Galeriewäldern mit ausreichendem, schützendem Gebüsch vor. Obwohl er vorwiegend nachtaktiv ist, kann seine Tätigkeit während der kühleren Tagesstunden infolge der Beschaffenheit seines Habitats verborgen bleiben. Der Sharpes-Greisbock ist zwar hauptsächlich Laubfresser, ernährt sich aber auch von Gras. Man vermutet, daß die Männchen ihr Revier verteidigen und daß zwischen Pärchen innerhalb eines Nahrungsgebietes eine lose Verbindung besteht. Soweit man weiß, werden die Jungen ganzjährig abgelegt.

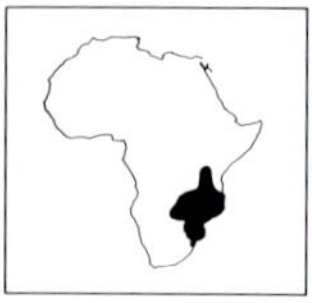

Wildschutzgebiete: Krügerpark, Hwange, Mana Pools, Kafue, Südluangwa.

Kap-Greisbock *Raphicerus melanotis Sch. 54 cm*

Ganz oben: *Weibchen* Oben: *Männchen*

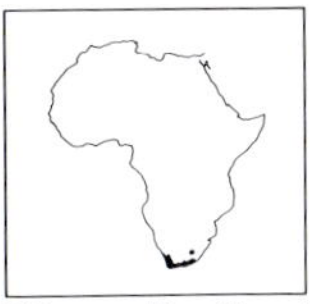

Eine kleine (10 kg), gedrungene Antilope, deren rotbraune Decke oben *stark weißgesprenkelt,* an der Bauchseite heller und nicht gesprenkelt ist. Der *äußerst kurze Pinsel* ist kaum zu sehen, während die Innenseite der ziemlich großen Ohren weißes Haar bedeckt. Das Männchen trägt kurze, glatte, leicht nach hinten gerichtete Hörner. Der Kap-Greisbock kommt nur an der Südspitze Afrikas vor, wo er im verhältnismäßig dichten Buschwerk lebt. Er ist vorwiegend nachtaktiv, lebt einzeln und ernährt sich von Gräsern, Kräutern und Laub. Ein einzelnes Junges wird ganzjährig geboren. **Wildschutzgebiete:** Kap der Guten Hoffnung, Buntbock, Addo-Elefanten.

Rotducker *Cephalophus natalensis* *Sch. 43 cm*

Rotducker mit spaltförmiger Gesichtsdrüse

Eine kleine (14 kg) Antilope mit *kräftigem, rotbraunem Haarkleid*, das um Kinn und Kehle heller wird. An der Spitze des kurzen Wedels bemerkt man die charakteristische, *schwarzweiße Färbung, während ein Haarschopf den Kopf ziert.* Beide Geschlechter setzen winzige, nach hinten gerichtete Hörner auf. Dieser Ducker bewohnt Gehölze oder dichtes Waldland, lebt v.a einzeln oder als Pärchen, zwischen denen in einem Nahrungsgebiet eine lose Verbindung besteht. Ihre korinthengroßen Kötel scheiden sie in kleinen Häufchen an besonderen Stellen aus. Geburten wurden ganzjährig verzeichnet.
Wildschutzgebiete: St.-Lucia-Komplex, Ndumo, Krügerpark, Mt Kenia, Selous, Kilimandscharo, Tsavo, Akagera.

Blauducker *Philantomba monticola Sch. 35 cm*

Ganz oben: *Weibchen und Junges* Oben:*Männchen*

Die bloß 4 kg wiegende Antilope *ist die kleinste dieses Gebiets.* Das Haarkleid ist oben schiefergrau bis dunkelbraun, hat jedoch einen *graublauen Glanz,* während die Bauchseite weiß bis gebrochen weiß ist. Sie wedelt fast unentwegt mit dem kurzen, buschigen, schwarzweißen Schwanz. Beide Geschlechter setzen winzige, spitze Spieße auf, die der Haarschopf oft verbirgt. Dieser Ducker erfordert Wälder und dichtes Buschwerk, äst jedoch häufig auf Lichtungen. Infolge dieses Habitats und seiner scheuen Natur gewahrt man ihn selten. Kothäufchen und winzige Spuren (20 mm) sind oft die einzigen Anzeichen seiner Anwesenheit. Sie leben einzeln, gelegentlich paarweise. Blauducker sind tag- und nachtaktiv. Die Geburt eines einzelnen, 400 g schweren Jungen ist an keine Jahreszeit gebunden.

Wildschutzgebiete: St.-Lucia-Komplex, Ndumo, Kafue, Südluangwa, Upemba, Garamba, Mt Elgon.

Gelbrücken- oder Riesenducker *Cephalophus sylviculter Sch. 78 cm*

Männchen

Der *größte Ducker,* der 80 kg wiegen kann. Im ganzen ist er von dunklem Graubraun, doch *bedeckt ein auffallender, gelbbrauner Fleck die hintere,* sich zum Steiß hin verbreiternde *Rückenpartie.* Der Riesenducker kommt in dicht bewaldetem Gelände vor, hält sich aber auch am Rande dieser Gebiete auf. Wie andere Ducker lebt er einzeln und bedient sich regelmäßiger Pfade. Obwohl er sich hauptsächlich von wilden Früchten, Beeren und Pilzen ernährt, frißt er auch zahlreiche Pflanzen.

Wildschutzgebiete: Kafue, Upemba, Salonga, Virunga.

Schwarzrückenducker *Cephalophus dorsalis Sch. 56 cm*

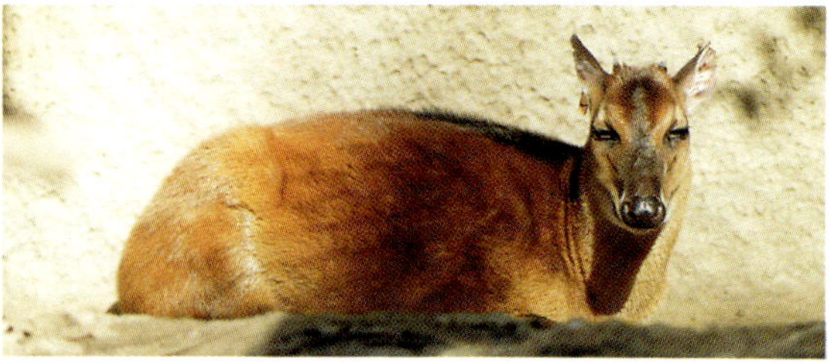

R Wirth

Dieser kräftige, rötliche (24 kg) Waldducker hat dunkelbraune, bis schwarze Läufe. Ein *schwarzer Mittelstreifen zieht sich über Rücken und Bauch.* Er lebt in Mischwäldern, Dickichten und an deren Rande, ernährt sich v.a. von Beeren, verschmäht auch keine Vögel und anderen Tiere.

Wildschutzgebiete: Salonga, Virunga, Maiko.

Kronenducker *Sylvicapra grimmia Sch. 50 cm*

Ganz oben: ♀ Oben: ♂

Dieser große (20 kg) Ducker ist an der Oberseite einheitlich graubraun bis rötlichgelb, unten heller bis ganz weiß. *Die dunkelbraune bis schwarze Gesichtszeichnung wiederholt sich vorn an den Vorderläufen. Zwischen den Hörnern* befindet sich ein *kleiner Haarschopf*. Die kurzen, mit starken Querwülsten versehenen Hörner trägt nur das Männchen. Im Gegensatz zu den Waldduckern, die sich mit gekrümmtem Rücken bewegen, *hält diese Art den Rücken gerade*. Er lebt in unterschiedlichen Habitaten, bevorzugt aber Strauchwerk und mit lichtem Gebüsch bestandenes Gelände, oft in menschlicher Nähe. Kronenducker leben einzeln und scheinen sich in Revieren gleicher Größe aufzuhalten, die sie mit kleinen, lockeren Kothaufen abstecken. Sie sind nachts und während der kühleren Tageszeit aktiv. Obwohl sie vorwiegend Laubfresser sind, verschmähen sie auch kein Gras. Ein einzelnes Junges (1,6 kg) kann ganzjährig gesetzt werden.

Naturschutzgebiete: Kap der Guten Hoffnung, Buntbock, Karru, Addo-Elefanten, Hluhluwe/Umfolozi, Mkuzi, Krügerpark, Etoscha, Chobe, Hwange, Mana Pools, Kafue, Upemba, Salonga, Virunga.

Kirkdikdik *Madoqua kirkii Sch. 38 cm*

Ganz oben und oben: *Männchen*

Von den vier Arten des Dikdik kommen getrennte Bestände dieser Spezies im südwestlichen und östlichen Afrika vor. Man übersieht diese winzige (5 kg) Antilope häufig im Busch. Sie hat eine *verlängerte, äußerst bewegliche Nase (Rüssel) und ein langes Haarbüschel auf der Stirn*, das sie im Umgang mit ihren Artgenossen aufrichtet. Das Haarkleid ist oben gelbgrau und wirkt meliert, doch ist der Hals heller als Schultern und Flanken. An der Bauchseite ist das Tier weiß oder gebrochen weiß, während die großen Augen ein weißer Ring umgibt. Nur die Männchen tragen kurze, spießartige, nach hinten gerichtete Hörner. Dieser Dikdik lebt in ziemlich dichten Trockengehölzen, die sich oft an steinigen Hängen befinden. Man gewahrt sie entweder einzeln, paarweise oder in kleinen Familiengruppen, die sich aus Männchen, Weibchen und Jungen zusammensetzen. Das Männchen verteidigt sein Revier, und die Pärchen hinterlassen gemeinschaftliche Kothaufen innerhalb ihres Wohngebietes. Obwohl Dikdik hauptsächlich Laubfresser sind, nehmen sie auch Früchte, Schoten und Blüten zu sich. Ein einzelnes Junges (ca. 450 g) wird im Sommer gesetzt.

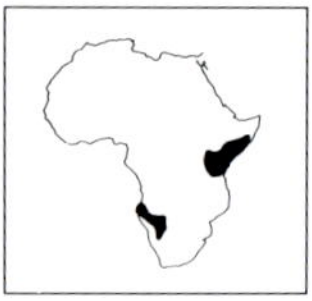

Wildschutzgebiete: Etoscha, Ruaha, Ngorongoro, Serengeti, Masai Mara.

Moschusböckchen *Neotragus moschatus* *Sch. 35 cm*

National Parks Board

Männchen

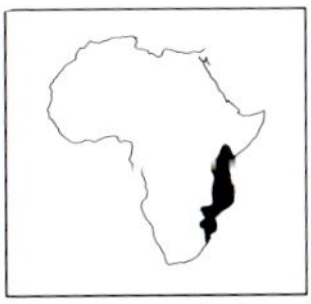

Das scheue Moschusböckchen bekommt man selten zu Gesicht. Obwohl es kleiner (5 kg) als der Sharpes-Greisbock ist, könnte man es ob seines oben *kräftigen, rotbraunen, weißgesprenkelten Haarkleids,* das unten weiß ist, mit jener Spezies verwechseln. *Den Schwanz mit der weißen Spitze bewegt es ständig hin und her.* Da die *Lauscher innen rosa sind, wirken sie fast durchsichtig.* Nur Männchen setzen kurze, gerade, stark geringelte Hörner auf, auch verfügen sie über eine auffallende Drüse vor jedem Auge. Moschusböckchen kommen nur in trocknem Dickicht oder Galeriewäldern mit dichtem Unterholz vor, sind nachts oder während der kühleren Tageszeit aktiv. Das ausgewachsene Männchen ist an ein Revier gebunden und führt meistens ein bis vier Weibchen. Ein einzelnes Junges wird im Sommer abgelegt.

Wildschutzgebiete: St.Lucia-Komplex, Krügerpark, Mana Pools, Arusha, Kilimandscharo, Mt Kenia, Amboseli.

Warzenschwein *Phacochoerus aethiopicus Sch.65 cm*

Ganz oben: *Eber* Oben: *Sau mit Frischlingen*

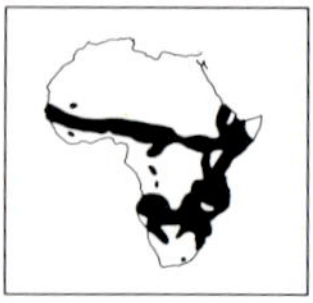

Es handelt sich hier um eine der drei Spezies, die im vom vorliegenden Text erfaßten Areal vorkommen. Ihre gewöhnlich graue Färbung wird von der Farbe des Schlamms, in dem sich das Tier häufig suhlt, verdeckt. Es hat eine *lange Nacken- und Rückenmähne,* die es bei Gefahr aufstellt, auch einen typischen Schweinerüssel und starke Eckzähne, die sich zu den besonders beim Eber auffallenden, *gekrümmten Hauern* entwickeln. Den mit einer Quaste versehenen Schwanz *stellt es bei Flucht und Angriff auf.* Es lebt in der Savanne oder lichtem Waldland und ist tagaktiv. Rotten bestehen gewöhnlich aus Säuen mit Frischlingen oder aus Ebern. Warzenschweine benutzen den verlassenen Bau der Erdferkel oder Stachelschweine, graben gelegentlich auch den eigenen. Sie sind v.a Grasfresser und knien oft beim Weiden. Junge werden meistens im Sommer abgelegt. **Wildschutzgebiete:** Hluhluwe/Umfolozi, Mkuzi, Krügerpark, Pilanesberg, Etoscha, Chobe, Hwange, Mana Pools, Kafue, Südluangwa, Upemba, Tsavo, Arusha, Kilimandscharo, Manyarasee, Ngorongoro, Serengeti, Virunga, Garamba, Königin-Elisabeth, Marsabit, Meru, Samburu, Aberdares, Masai Mara, Nairobi.

Buschschwein *Potamochoerus porcus Sch. 55-88 cm*

Ganz oben: *Buschschwein* Oben: *Rotes Flußschwein*

Das Buschschwein hat als typisches Wildschwein einen stark behaarten Körper, *Haarbüschel an den Ohrspitzen* und einen langen Kopf. Obwohl in bezug auf die Färbung regionale Unterschiede bestehen, ist es meistens graubraun. Die dunkelbraunen Frischlinge tragen deutliche, helle Längsstreifen. Eine besondere Rasse, das sogenannte, im nördlichen Mittelafrika vorkommende Rote Flußschwein, wird gelegentlich als getrennte Spezies bezeichnet. Beim schnellen Laufen *streckt es den Schwanz gerade nach unten.* Dieses Schwein hält sich nur in Wäldern, dichtem Buschwerk, Galeriewäldern und Riedbeständen auf, wagt sich aber bei Nacht in offeneres Gelände. Obwohl es vorwiegend nachtaktiv ist, sucht es in unberührten Gebieten auch während der kühleren Tagesstunden nach Nahrung. Die Rotte besteht gewöhnlich aus vier bis zehn Exemplaren. Buschschweine sind Allesfresser.

Wildschutzgebiete: Addo-Elefanten, St.-Lucia-Komplex, Hluhluwe/Umfolozi, Mkuzi, Krügerpark, Chobe, Hwange, Mana Pools, Kafue, Südluangwa, Upemba, Arusha, Ngorongoro, Serengeti, Virunga, Garamba, Königin-Elisabeth, Masai Mara.

Riesenwaldschwein *Hylochoerus meinertzhageni Sch. 96 cm*

M P Kahl/BCL

R van Bockstaele

Rotte Riesenwaldschweine, Aberdares

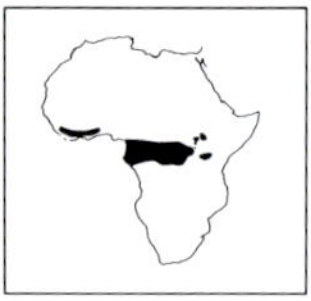

Bei weitem das *größte Wildschwein* der Erde, Eber wiegen durchschnittlich 235 kg, während die Säue etwas kleiner sind. Sie sind *kräftig gebaut* und mit borstigem, schwarzem Haar bedeckt. *Der große Rüssel ist vorn breit und abgeflacht,* während die Hauer besonders beim Eber stark entwickelt sind. Diese Spezies bewohnt dichte Wälder und Berglandschaften, weidet aber in anliegendem, offenem Gelände und Lichtungen. Man vermutet, daß sich ihr Wohngebiet ca.10 km^2 ausdehnt, doch hängt das vom Nährwert des Futters ab. Eine Rotte besteht gewöhnlich aus einer Sau und verschiedenen Jahrgängen ihrer Nachzucht, die von einem Eber begleitet werden. Zwar können mehrere Rotten beieinander weiden, doch wahren die Eber den nötigen Abstand. Diese Schweine sind vorwiegend Grasfresser. Obwohl die Frischlinge (zwei bis 11) ganzjährig geboren werden können, gibt es Spitzenzeiten.

Wildschutzgebiete: Ruwenzori, Virunga, Garamba, Königin-Elisabeth, Mt Elgon, Mt Kenia, Aberdares.

Erdferkel *Orycteropus afer L. 1,4-1,8 m*

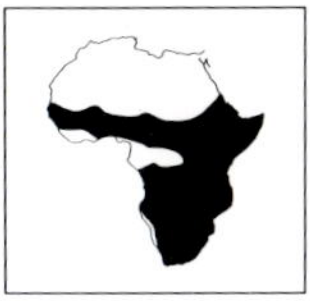

Im Aussehen gleicht es keinem anderen Tier unseres Gebietes, hat einen *langen, schweineartigen Rüssel, lange, rohrförmige Ohren und einen muskulösen, an das Känguruh erinnernden Schwanz,* einen krummen Rücken und gedrungene Beine mit Grabkrallen. Für die schwachen Augen entschädigen das gute Geruchsvermögen und Gehör. Es ist spärlich mit borstigem Haar bedeckt, und seine gelbbraune Färbung ist von der Farbe des Erdreichs in seinem Habitat abhängig. Das Erdferkel zählt zu den wenigen Arten, die aus den vom Vieh abgeweideten und zertretenen Gebieten Nutzen zogen, da es gerade durch diese mißbräuchliche Ausnutzung leichter an die Termiten gelangt, von denen es sich ernährt. Obwohl es in unterschiedlichen Habitaten gedeihen kann, zieht es offenes Waldland, spärliches Gebüsch und Grasfluren vor. Dieses eigenartige Tier ist fast ausschließlich nachtaktiv und verbringt den Tag im selbstgegrabenen Bau. Die Männchen leben viel nomadischer als Weibchen. Auf der Suche nach Ameisen und Termiten legen sie nachts beträchtliche Abstände zurück. Sie verraten ihre Anwesenheit durch unten in Termitenhügel gegrabene Löcher. Ein einzelnes Junges wird in der Regenzeit geboren und wiegt 2 kg (ausgewachsen 40-70 kg). Nach drei Wochen beginnt es, der Mutter zu folgen.

Wildschutzgebiete: Karru, Bergzebra, Addo-Elefanten, Hluhluwe/ Umfolozi, Krügerpark, Kalahari-Gemsbock, Etoscha, Chobe, Hwange, Mana Pools, Kafue, Südluangwa, Upemba, Tsavo, Ngorongoro, Serengeti, Virunga, Garamba, Königin-Elisabeth, Nairobi.

Fleischfresser *Carnivora*

Ungefähr 48 Arten Fleischfresser kommen in diesem Areal vor, u.a. vier Hunde, drei Hyänen, acht Katzen, drei Otter sowie zahlreiche Ginsterkatzen und Mangusten.

Löwe *Panthera leo Sch. ♂ 1,2 m ♀ 1 m*

Ganz oben: *Löwe* Oben: *Löwin*

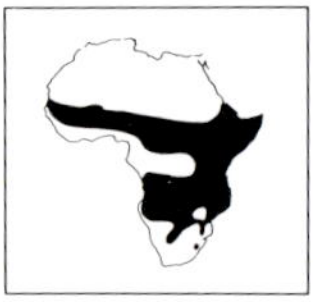

Von den afrikanischen Großkatzen ist der Löwe die stattlichste, das Männchen kann 225 kg wiegen, die Löwin dagegen kaum über 150 kg. *Das Männchen verfügt über eine lange Mähne,* die sich von den Wangen bis über Schultern und Brust ausbreitet. Die Färbung der Mähne ist unterschiedlich: gelbbraun (blond) bis schwarz, während das Haarkleid einheitlich rotgrau oder gelbbraun ist, Junge tragen helle Flecken an der Seite. *Der lange, kurzhaarige Schwanz hat eine schwarze Spitze.* Obwohl Löwen früher bis auf die Wälder in allen Habitaten vorkamen, ist ihr heutiges Verbreitungsgebiet stark verkleinert. Keine andere Katze lebt so

Beutetiere und Gelände bestimmen die Größe des Rudels (drei bis 30). Im Rudel leben ein oder einige Männchen, mehrere Weibchen und Junge. Männchen und Weibchen verteidigen ihr Jagdrevier gegen Artgenossen, doch leben manche Rudel nomadisch. Das Revier wird mit Urin, Kot und dem weithin hörbaren Gebrüll abgesteckt. In der Tageshitze ruhen Löwen im Schatten und jagen v.a. nachts oder in den kühlen Morgenstunden. Die Jagd besorgen meistens die Löwinnen, doch am Riß haben die Männchen Vorrang. Sie reißen hauptsächlich große und mittelgroße Säugetiere, fressen aber auch Aas. Die Jungen werden ganzjährig geworfen, der Wurf besteht aus einem bis vier Kleinen, die ca. 1,5 kg wiegen. Sie bleiben ungefähr zwei Jahre bei der Mutter.
Wildschutzgebiete: Hluhluwe/Umfolozi, Krügerpark, Kalahari-Gemsbock, Etoscha, Moremi, Chobe, Hwange, Mana Pools, Kafue, Südluangwa, Upemba, Ruaha, Tsavo, Arusha, Manyarasee, Ngorongoro, Serengeti, Virunga, Garamba, Kidepo, Murchison Falls, Königin-Elisabeth, Marsabit, Samburu, Meru, Masai Mara, Nairobi, Amboseli.

Goldkatze *Felis aurata Sch. 38-50 cm*

R Williams/BCL

Bei der gegenseitigen Wäsche

Eine kräftige, *mittelgroße Katze* (bis 16 kg), das Männchen ist größer als das Weibchen. Im Vergleich zum *Serval und Karakal ist der Schwanz verhältnismäßig lang, die Ohren sind kleiner und rund*. In bezug auf die Färbung bestehen Unterschiede, doch ist sie meistens rotbraun, obwohl in manchen Gebieten auch dunkelbraune und graue Tiere vorkommen. An der Bauchseite und gelegentlich am gesamten Körper bemerkt man *dunkle Flecken*. Diese Spezies lebt in tropischen Wäldern oder hohen Berglandschaften. Auch wenn der Bestand dicht ist, gewahrt man sie infolge ihres besonderen Habitats selten. Sie ernähren sich hauptsächlich von Nagetieren, Schliefern und Duckern, fressen aber ebenfalls Vögel. Über ihr Verhalten in der Wildnis ist fast nichts bekannt.
Wildschutzgebiete: Salonga, Ruwenzori, Virunga, Garamba, Königin-Elisabeth.

Leopard *Panthera pardus Sch. 70-80 cm*

Diese elegante, kräftige Großkatze ist an Beinen, Flanken, Hinterschenkeln und Kopf schwarzgefleckt, während *die Flecken am restlichen Körper unregelmäßige Kreise oder Rosetten* bilden, die oben auf grauweißem oder orangenfarbenem Grund, unten auf weißem bis gebrochen weißem Grund zu sehen sind. Größenmäßig bestehen starke Unterschiede, da die Katzen im Süden durchschnittlich nur 20-30 kg wiegen, während über 60 kg im Norden nicht ungewöhnlich ist. Die Männchen sind erheblich größer als die Weibchen. Leoparden kommen in allen bedeutenden Zonen vor, doch wurden sie in vielen Teilen Südafrikas ausgerottet. Zur Paarung finden sich die Tiere zusammen, sonst leben sie einzeln. Der Leopard ist tag- und nachtaktiv, ruht aber während der heißesten Tageszeit. Die Männchen stecken ihr Revier mit Urin, Kot, Kratzen an Bäumen und Lautäußerungen ab. Dieses Revier kann das Wohngebiet eines oder mehrerer Weibchen einschließen. Je nach der Anzahl der Beutetiere dehnt sich ein Wohngebiet bloße 10 km² oder mehrere Hundert Quadratkilometer aus. Von allen Katzen in unserem Areal ist die Nahrung des Leoparden am abwechslungsreichsten, da sie Insekten, Reptilien, Vögel, Nagetiere und Großantilopen einschließt. Handelt es sich um ein großes Beutetier und sind Löwen sowie Hyänen in dem Gebiet, schleppt er es in sein Versteck oder auf einen Baum. Zwei bis drei Junge werden unabhängig von der Jahreszeit geworfen und wiegen je ca. 500 g.

Wildschutzgebiete: Hluhluwe/Umfolozi, Mkuzi, Krügerpark, Kalahari-Gemsbock, Etoscha, Moremi, Chobe, Hwange, Mana Pools, Kafue, Südluangwa, Upemba, Tsavo, Arusha, Manyarasee, Ngorongoro, Serengeti, Virunga, Garamba, Murchison Falls, Königin-Elisabeth, Mt Elgon, Marsabit, Samburu, Meru, Mt Kenia, Aberdares, Masai Mara, Nairobi, Amboseli.

Gepard *Acinonyx jubatus Sch. 80 cm*

J Carlyon

D Balfour

Obwohl er dem Leoparden ähnelt, ist der Gepard langbeiniger und hat einen grazileren, *an ein Windspiel* erinnernden Bau. Kennzeichnend sind seine *geschlossenen Flecken*, die keine Rosetten bilden, doch auch der *schwarze Streifen (Tränengrube), der sich vom inneren Augenwinkel bis zum Winkel des Mauls* erstreckt. Der lange Schwanz ist schwarzgeringelt und an der Spitze weiß. Der Gepard zieht zwar offene Savanne und gering bewaldetes Gelände vor, kommt aber gelegentlich in dichteren Gehölzen und hügeliger Landschaft vor.

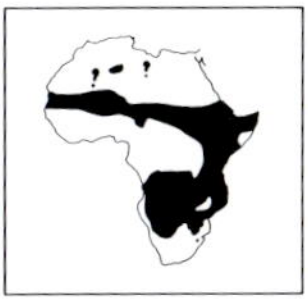

Ausgewachsene Männchen leben einzeln oder bilden kleine Junggesellengruppen, beanspruchen aber kein festes Revier, während Weibchen ihr Revier verteidigen und andere Weibchen daraus vertreiben. Die Männchen durchqueren unbehelligt diese Reviere, und vor der Paarung werben sie lange um weibliche Gunst. Diese Katze ist als außergewöhnlicher Sprinter (mehr als 70 km/h) auf der Jagd bekannt, doch kann sie diese Geschwindigkeit nur wenige Hundert Meter beibehalten. Beutetiere wiegen bis 60 kg. Die Jungen (zwei bis fünf) werden zu irgendeiner Jahreszeit geworfen und haben anfänglich am Rücken eine lange, gräuliche Mähne.

Wildschutzgeb.: Hluhluwe/Umfolozi, Krügerpark, Kalahari-Gemsbock, Etoscha, Chobe, Hwange, Kafue, Südluangwa, Tsavo, Ngorongoro, Serengeti, Marsabit, Samburu, Meru, Masai Mara, Amboseli.

Karakal *Felis caracal* *Sch. 45 cm*

Das Hinterteil dieser kräftig gebauten Katze *überragt in geringem Maße die Schultern,* der kurze Schwanz ist einheitlich gefärbt. Das Haarkleid variiert sonst vom hellen Rehbraun bis zum Ziegelrot, doch ist die hellere Unterseite leicht gefleckt. Die schwarzweiße Gesichtszeichnung fällt vor allem um Augen und Maul auf. Kennzeichnend sind die langen *zugespitzten Ohren mit langen Haarbüscheln,* die hinten schwärzlichen Ohren sind mit Weiß durchsetzt. Diese anpassungsfähige Katze gedeiht in den meisten Habitaten. Obwohl sie vorwiegend nachtaktiv ist, gewahrt man sie in unberührten Gebieten auch frühmorgens und spätnachmittags. Der Karakal lebt einzeln, Männchen verteidigen vermutlich ihr Revier. Seine Beute besteht v.a. aus kleinen und mittelgroßen Säugern.

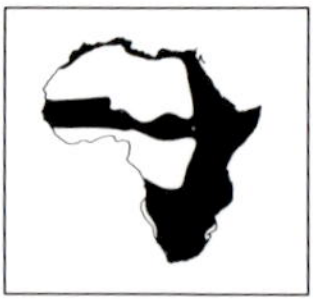

Wildschutzgebiete: Kap der Guten Hoffnung, Karru, Bergzebra, Giant's-Castle, Willem-Pretoriua, Krügerpark, Kalahari-Gemsbock, Namib-Naukluftpark, Etoscha, Moremi, Chobe, Hwange, Mana Pools, Kafue, Südluangwa, Tsavo, Ngorongoro, Serengeti, Mt Kenia.

Schwarzfußkatze *Felis nigripes Sch. 25 cm*

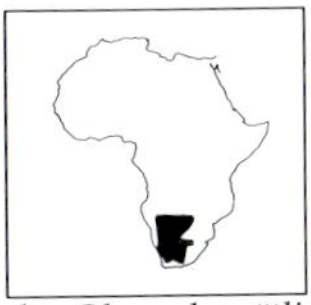

Sie ist eine der kleinsten Katzenarten (ca.2 kg) und im südlichen Afrika beheimatet. Unterschiede in der Färbung schließen rötliches Rehbraun bis gebrochenes Weiß ein, *schwarze oder rotbraune Flecken und Bänder* bedecken ihren Körper. Der kurze, schwarzgeringelte Schwanz hat auch eine schwarze Spitze, doch *fehlt hinter den Ohren das rötliche Haar,* das die Wildkatze trägt. Sie lebt in offener, trockener Savanne mit spärlicher Pflanzendecke. Über ihr Leben in der Wildnis ist nichts bekannt. In der Gefangenschaft vermehrt sie sich schnell. Ein Wurf besteht aus einem bis drei Jungen.

Afrikanische Wildkatze *Felis lybica Sch. 35 cm*

Sie hat äußerlich starke Ähnlichkeit mit der Hauskatze, ist aber größer und verhältnismäßig langbeinig. Die unterschiedliche Färbung ihres Haarkleids ist in den Trockengebieten ein helles Gelbbraun, während sie in Landstrichen mit hohen Niederschlägen grau ist. Auch in bezug auf die dunkle Zeichnung des Rumpfes und der Beine besteht keine Einheitlichkeit, kennzeichnend ist jedoch *das kurze, rotbraune Haar hinter den Ohren.* Der relativ lange, stark behaarte *Schwanz ist schwarzgeringelt und hat eine schwarze Spitze.* Diese Katze kommt fast überall vor, selbst in der Nähe menschlicher Behausungen, wo sie sich mit der Hauskatze paart. Sie lebt einzeln und ist nachtaktiv, das Männchen verteidigt sein Revier. Obwohl sie sich hauptsächlich von kleinen Nagetieren ernährt, reißt sie sogar Hasen und Springhasen. Die Jungen werden während der warmen, feuchten Monate geworfen.

Wildschutzgebiete: Fast alle.

Serval *Felis serval Sch. 60 cm*

Diese *langbeinige, gefleckte Katze* hat einen *kurzen, gestreiften Schwanz mit schwarzer Spitze.* Trotz vieler Variationen der Färbung ist sie gewöhnlich gelbbraun. Auch die hellere Bauchseite ist getüpfelt. Die *großen, runden Ohren* sind an der Spitze schwarz und haben hinten einen weißen Fleck. Sie lebt im hohen Gras, in Riedbeständen und üppiger Vegetation am Waldrand, meistens in Wassernähe. Sie ist tag- oder nachtaktiv, je nachdem, wann sie sich in ihrer Umwelt sicher fühlt. Sie lebt gewöhnlich einzeln, doch sind Pärchen und kleine Gruppen nicht selten. Ihre Nahrung besteht aus kleinen Säugern, vorwiegend Nagetieren. Die Jungen (1-5) werden im Sommer geboren.

Wildschutzgebiete: Giant's-Castle, Hluhluwe/Umfolozi, Krügerpark, Etoscha, Moremi, Chobe, Hwange, Mana Pools, Kafue, Südluangwa, Nyika-Hochland, Upemba, Tsavo, Ngorongoro, Serengeti, Virunga, Garamba, Königin-Elisabeth, Marsabit, Samburu.

Zibetkatze *Civettictis civetta* *Sch. 40 cm*

Sie ist zwar Ginsterkatzen (S. 74) ähnlich, doch viel größer (9-15 kg), hat einen verhältnismäßig kürzeren Schwanz und längere Beine. Ihren Gang kennzeichnet *die gekrümmte Haltung des Rückens,* wobei der Kopf gesenkt wird. Zahlreiche schwarze Flecken, Tüpfel und Streifen auf grauem bis graubraunem Grund bedecken den Körper. Charakteristisch ist die *schwarzweißgraue Gesichtszeichnung.* Bei Gefahr sträubt sich der dunkle Streifen am Rückgrat. *Der Schwanz ist unten gebändert, doch an der Spitze und oben schwarz.* Die Zibetkatze bevorzugt Waldland an Dauergewässern. Sie ist vorwiegend nachts oder in der Dämmerung aktiv, bei der Nahrungssuche gewahrt man Einzeltiere oder Pärchen. Ihr Wohngebiet steckt sie mit Kothaufen ab. Sie wagt sich an bis hasengroße Beutetiere. Zwei bis vier Junge werden während der warmen, feuchten Monate geworfen.

Wildschutzgebiete: Krügerpark, Etoscha, Moremi, Chobe, Hwange, Mana Pools, Kafue, Südluangwa, Upemba, Gombe Stream, Tsavo, Arusha, Manyarasee, Serengeti, Virunga, Garamba, Königin-Elisabeth, Masai Mara.

Großfleckginsterkatze *Genetta tigrina L 1,0 m*

In bezug auf die Zeichnung und Färbung dieser Ginsterkatze bestehen innerhalb ihres Verbreitungsgebiets viele Varianten, daher bestimmte man bereits zahlreiche Unterarten. In ihrer Erscheinung entspricht sie im großen und ganzen anderen Ginsterkatzen, aber ihre *rostbraunen Flecken* sind größer als bei der Kleinfleckginsterkatze. Der *auffallende Haarschopf am Rücken fehlt,* auch ist das Haar weicher und kürzer. *Die Schwanzspitze ist gewöhnlich dunkel,* das Kinn weiß. Ihr Habitat beschränkt sich auf ziemlich dichte Vegetation und Dauergewässer. Sie ernährt sich von Insekten, Tausendfüßlern, Schnecken, Mäusen, Eidechsen, Vögeln, gelegentlich von wilden Beeren. Obwohl die Großfleckginsterkatze vorwiegend am Boden jagt, ist sie äußerst behende und verfolgt die Beute häufig auf Büsche und Bäume.

Wildschutzgebiete: Kap der Guten Hoffnung, Buntbock, Addo-Elefanten, Giant's-Castle, Hluhluwe/Umfolozi, Mkuzi, Krügerpark, Moremi, Chobe, Hwange, Mana Pools, Südluangwa, Serengeti, Virunga, Garamba, Königin-Elisabeth.

Kleinfleckginsterkatze *Genetta genetta L 92 cm*

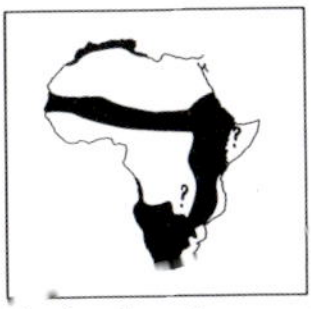

Von den vier Arten der in diesem Gebiet vorkommenden Ginsterkatzen ist diese am weitesten verbreitet. *Bei Ginsterkatzen sind Körper und Schwanz lang und geschmeidig*, die Beine kurz, die Ohren verhältnismäßig lang und rund. Den Rücken dieser Art schmückt *ein Schopf mit schwarzen Haarspitzen*, den sie bei Gefahr sträubt. Auf gebrochen weißem bis gräulichem Grund trägt sie zahlreiche, dunkelbraune oder ins Schwarze spielende Tüpfel und Bänder. Der schwarzgeringelte Schwanz hat gewöhnlich eine weiße Spitze. Diese Ginsterkatze lebt in vielfältigen Habitaten, u.a. an felsigen Hügeln in ariden Gebieten. Sie ist nachtaktiv, lebt einzeln und ernährt sich von verschiedenartigen wirbellosen Tieren, kleinen Nagetieren, Vögeln und Reptilien. Ein Wurf besteht normalerweise aus zwei bis vier Jungen.

Wildschutzgebiete: Kap der Guten Hoffnung, Buntbock, Karru, Bergzebra, Willem-Pretorius, Krügerpark, Pilanesberg, Kalahari-Gemsbock, Namib-Naukluft, Etoscha, Moremi, Chobe, Hwange, Upemba, Tsavo, Serengeti, Samburu, Masai Mara, Nairobi.

Tüpfelhyäne (Fleckenhyäne) *Crocuta crocuta Sch. 85 cm*

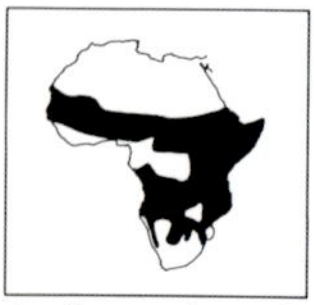

Mit ihrem *kräftigen Vorderteil, dem abfallenden Rücken, wuchtigen Kopf,* großen runden Ohren und *braunen Tüpfeln* ist diese Hyäne unverkennbar. Ihr *nächtliches Heulen, Kreischen und Meckern* gehört zu den bekanntesten Lauten Afrikas. Sie kommt in verschiedenen Habitaten vor, vermeidet jedoch Wälder. Einst war sie als feiger Aasfresser berüchtigt, doch erkannte die Forschung, daß sie ein erfolgreicher Jäger ist. Sie lebt gesellig in Familiengruppen oder Clans, die von einem Weibchen geführt werden. Die Größe der Clans schwankt zwischen drei bis 15 oder mehr, und jeder Clan verteidigt sein Revier gegen Artgenossen. Ihr *kreidefarbener Kot* läßt eindeutig auf ihre Anwesenheit schließen. Von Insekten bis Großwild, u.a. Zebras, Giraffen und Streifengnus, frißt sie alles und vermag selbst

Löwen und andere Raubtiere von ihrem Riß zu vertreiben. Der Wurf (gewöhnlich im Sommer) besteht aus einem bis vier Jungen. **Wildschutzgebiete:** Hluhluwe/Umfolozi, Krügerpark, Kalahari-Gemsbock, Namib-Naukluft, Etoscha, Moremi, Chobe, Hwange, Mana Pools, Kafue, Südluangwa, Nyika-Hochland, Upemba, Tsavo, Manyarasee, Ngorongoro, Serengeti, Virunga, Garamba, Mt Elgon, Marsabit, Samburu.

Schabrackenhyäne (Braune Hyäne) *Hyaena brunnea Sch. 80 cm*

M G L Mills

Das Vorderteil dieser Hyäne ist ebenfalls kraftvoll ausgebildet, der Rücken fällt stark ab, doch erkennt man sie an dem *langhaarigen, dunkelbraunen, zotteligen Fell, der helleren Mähne an Schultern und Rücken* und *den langen, aufgestellten Spitzohren*. Der kurze, buschige Schwanz ist dunkler. Zwar sind viele, unterschiedliche Habitate für diese Hyäne geeignet, doch wurde sie in ihrem ehemaligen Verbreitungsgebiet stark dezimiert. Sie ist vorwiegend nachtaktiv und lebt gewöhnlich einzeln, obwohl sich mehrere Tiere – vermutlich eine aus vier bis sechs Exemplaren bestehende Familiengruppe – ein Revier teilen können. Die Lautäußerungen der Schabrackenhyäne sind geringer als die der Fleckenhyäne. Sie ist hauptsächlich Aasfresser, ernährt sich aber auch von Wirbellosen, kleinen Wirbeltieren und Wildfrüchten. Paarungsbereite Weibchen paaren sich mit nomadischen Männchen, nicht mit denen innerhalb ihrer Gruppe. Der Wurf besteht meistens aus zwei bis drei Jungen, die von August bis Januar geboren werden.

Wildschutzgebiete: St.-Lucia-Komplex, Krügerpark, Pilanesberg, Kalahari-Gemsbock, Namib-Naukluftpark, Kreuzkap-Pelzrobben, Etoscha, Hwange.

Streifenhyäne *Hyaena hyaena Sch. 72 cm*

J van Wormer / BCL

Diese Hyäne wirkt wie ein *großer Erdwolf* und ist kleiner als die Fleckenhyäne, deren Verbreitungsgebiet sie teilt. Sie wiegt 40-55 kg. *Das graugelbe, zottelige Haarkleid bedecken zahlreiche, schwarze Querstreifen,* und *eine ausgebildete, aufstellbare Mähne* verläuft vom Nackenansatz bis zum Steiß. Die Bänderung erstreckt sich auch auf die Beine. Der Kopf ist wuchtig, um die Kehle ist die Färbung vorwiegend schwarz. Sie hat lange, zugespitze Ohren und einen *langen, buschigen Schwanz.* Das Tier lebt in ariden Gebieten, häufig an felsigen Hügeln, die ihm Deckung gewähren. Da es hauptsächlich nachtaktiv ist, verbirgt es sich tagsüber im dichten Gebüsch oder in Felsspalten. Die allesfressende Streifenhyäne ernährt sich von Insekten und anderen Wirbellosen, von kleinen Säugern, Vögeln, Aas sowie manchen Früchten. Auf der Beutesuche gewahrt man Einzelgänger oder Pärchen, ihr Wohngebiet ist vermutlich ziemlich groß. Nach der Geburt der zwei bis vier Jungen, gewöhnlich in einem felsigen Versteck, dauert es ca. sechs Monate, ehe sie die ausgewachsenen Tiere begleiten. Diese Hyäne entspricht in vieler Hinsicht der im südlichen Afrika heimischen Schabrackenhyäne.
Wildschutzgebiete: Serengeti, Marsabit, Samburu.

Erdwolf *Proteles cristatus Sch. 50 cm*

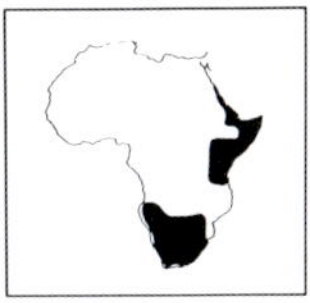

Der Erdwolf hat das Aussehen *einer typischen Hyäne,* ist aber viel kleiner. Auf durchgehend gelbbraunem Grund hat er *schwarz quergestreifte Körperseiten* und schwarze Bänderung an den Oberschenkeln. Schwarzzeichnung bemerkt man an Maul, Füßen und um die Spitze des buschigen Schwanzes. Die Ohren sind groß und spitz. Dieser harmlose Fleischfresser fühlt sich in verschiedenartigen Zonen wohl und kommt sowohl in niederschlagsarmen als auch niederschlagsreichen Gebieten vor, vermeidet aber Wälder. Obwohl er vorwiegend nachtaktiv ist, gewahrt man ihn auch während der kühleren Tageszeit. Er lebt einzeln, als Pärchen oder in kleinen Familiengruppen, so daß zwei oder mehr Exemplare ein Wohngebiet teilen. Gelegentlich werfen mehrere Weibchen ihre Jungen, die im Sommer geboren werden, im selben Bau. Der Erdwolf ernährt sich hauptsächlich von Termiten, frißt aber ab und zu auch andere Insekten. Für die Behauptung, er erbeute und fresse ebenfalls Schafe, fehlen alle Belege. Zwar verfügt er über kräftige Eckzähne, doch sind die schwachen Backenzähne nicht zum Fleischfressen geeignet.

Wildschutzgebiete: Kap der Guten Hoffnung, Buntbock, Karru, Bergzebra, Willem-Pretorius, Hluhluwe/Umfolozi, Pilanesberg, Kalahari-Gemsbock, Etoscha, Chobe, Hwange, Tsavo, Serengeti, Nairobi.

Hyänenhund *Lycaon pictus Sch. 72 cm*

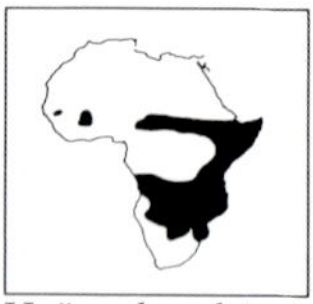

Der größte Hund Afrikas ist infolge seiner Färbung – *unregelmäßige, schwarze, weiße, braune und gelbbraune Flecken* – leicht zu bestimmen. Diese Zeichnung fällt bei jedem Hund anders aus. Die Schnauze ist schwarz, und von hier aus erstreckt sich ein schwarzer Streifen bis zwischen die dunklen, großen, runden Ohren. Der Hyänenhund jagt rudelweise in offenen Ebenen und bewaldeter Savanne. Die Rudel, die gewöhnlich aus 10 bis 15 Tieren bestehen, jagen fast ausschließlich tagsüber. Sie sind an kein festes Revier gebunden und beanspruchen ein sehr großes Wohngebiet. Die Beute wird durch gemeinschaftlichen Einsatz zur Strecke gebracht, indem ein Opfer abgetrieben, mit 50 km/h bis zur Erschöpfung gehetzt und dann gerissen wird. Die am Bau zurückgebliebenen Jungen und ausgewachsenen Tiere werden darauf von den Jägern mit hervorgewürgtem Fleisch gefüttert. Sie ernähren sich hauptsächlich von Antilopen. Die Jungen kommen während der trockenen Wintermonate, wenn die Voraussetzungen für die Jagd am günstigsten sind, zur Welt. Mit ca. drei Monaten begleiten sie die Alten auf die Jagd.

Wildschutzgebiete: Hluhluwe/Umfolozi, Krügerpark, Etoscha, Moremi, Chobe, Hwange, Mana Pools, Kafue, Südluangwa, Arusha, Ngorongoro, Serengeti, Virunga, Garamba, Samburu, Masai Mara.

Goldschakal *Canis aureus Sch. 38-50 cm*

L Lee Rue III/BCL

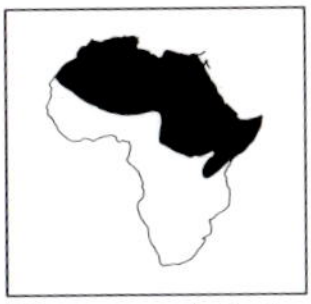

Dieser außerordentlich weitverbreitete Schakal kommt auch in Nordafrika, Südeuropa und im Osten bis nach Indien und Südostasien vor. Obwohl große Unterschiede in der Färbung bestehen, ist der Goldschakal *gewöhnlich von hellem Goldbraun, während schwarzes und graues Haar den Rücken bedeckt.* Manchmal sind Kopf, Ohren und Seiten rötlich, die Bauchseite ist heller oder selbst gebrochen weiß. *Die Schwanzspitze ist schwarz.* Diese Art bevorzugt offenes, mit Büschen und Bäumen durchsetztes Gelände, ist jedoch sehr anpassungsfähig. Goldschakale gehen lebenslange Einehen ein und bewohnen ein 0,5-2,5 km großes Gebiet. Teilweise bilden sich größere Gruppen, wenn Nahrung im Überfluß vorhanden ist. In Schutzgebieten ist dieser Schakal tag- und nachtaktiv, sonst nur nachtaktiv. Dank ihrer Tierehe erhöht die Jagd zu zweit die Erfolgschancen. Goldschakale sind Allesfresser, deren Nahrung Früchte, kleine Säuger, junge Antilopen, Vögel, Reptilien und wirbellose Tiere, jedoch auch Aas einschließt. Gewöhnlich besteht ein Wurf aus fünf bis sechs Jungen, die in Serengeti im Januar/Februar zur Welt kommen und auf die Geburten der Thomson-Gazellen abgestimmt sind, von denen sie sich in diesem Gebiet hauptsächlich ernähren. Der vorjährige Wurf ist bei der Nahrungsbeschaffung für die Neugeborenen als "Helfer" beteiligt.
Wildschutzgebiete: Serengeti

Schabrackenschakal *Canis mesomelas* Sch. 38 cm

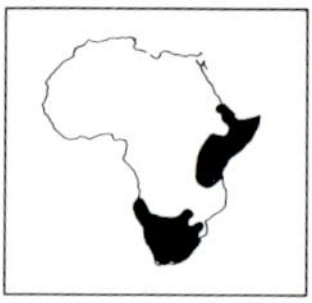

Dieser mittelgroße, fleischfressende Hund hat eine *schwarze, mit Weiß durchsetzte Schabracke*, die sich von der Schulter zur Schwanzwurzel hin verjüngt. Gesicht, Seiten und Beine können in ihrer abwechslungsreichen Färbung von graubraun bis rotbraun sein, während Lippen, Kehle und Brust weiß sind. *Am buschigen Schwanz* bemerkt man *überwiegend schwarzes Haar*. Dieser Schakal kann sich den meisten Habitaten anpassen, allerdings mit Ausnahme der Wälder. Dort, wo sie noch ungestört leben können, sind sie hauptsächlich während der kühleren Tageszeit aktiv, in den meisten Gebieten sind sie jedoch nachtaktiv. Im allgemeinen begeben sie sich einzeln oder paarweise auf die Nahrungssuche, in manchen Landstrichen finden sich vorübergehend aus sechs oder mehr Exemplaren bestehende Gruppen zusammen. Pärchen gehen lebenslange Tierehen ein, worauf beide Teile das Revier markieren und gegen andere Schakale verteidigen. Sie äußern ein *typisches Heulen, das ein drei- bis viermaliges Kläffen abschließt*. Dies vernimmt man während der Paarungszeit, die im Süden in die Wintermonate fällt, am häufigsten. Der Schabrackenschakal frißt fast alles, u.a. Aas, kleine Antilopen, Mäuse, Reptilien, Insekten, und wilde Früchte. Der Wurf besteht aus einem bis sechs Jungen, die im Süden seines Verbreitungsgebiets zwischen Juli und Oktober geboren werden.
Wildschutzgebiete: Karru, Addo-Elefanten, Giant's-Castle, Willem-Pretorius, Hluhluwe/Umfolozi, Mkuzi, Krügerpark, Kalahari-Gemsbock, Namib-Naukluft, Etoscha, Hwange, Ngorongoro, Serengeti, Marsabit, Samburu, Masai Mara, Nairobi.

Streifenschakal *Canis adustus* Sch. 40 cm

J Carlyon

Obwohl er dem Schabrackenschakal sehr ähnlich ist, hat dieser Schakal ein besonders auffallendes Haarkleid. Aus der Ferne wirkt er *durchgehend grau*, doch von nahem bemerkt man den *helleren, schwarz eingefaßten Streifen an den Seiten*, dem er seinen Namen verdankt. Die Bauchseite ist etwas heller, aber der buschige Schwanz vorwiegend schwarz und hat eine *weiße Spitze*. Er zieht wasserreiches Waldland vor und lebt oft in menschlicher Nähe, ist trotzdem scheu und selten zu sehen. Er verhält sich auch ruhiger als der Schabrackenschakal, und wenn er ruft, läßt er gewöhnlich eine Reihe kläffender Laute hören. Einige afrikanische Stämme schätzen angeblich sein Fell und seine Krallen als Mittel, böse Geister abzuwehren. Er lebt hauptsächlich einzeln und ist meistens nachtaktiv, obwohl man ihn auch in der Morgen- und Abenddämmerung gewahrt. Seine Nahrung ist abwechslungsreich und schließt Säuger, Vögel, Aas und wilde Früchte ein, doch ist er wählerischer als der Schabrackenschakal. Im Süden seines Verbreitungsgebietes werden die Jungen zwischen August und Januar geworfen. Die vier bis sechs Jungen kommen im verlassenen Bau anderer Spezies zur Welt.
Wildschutzgebiete: St.-Lucia-Komplex, Krügerpark, Moremi, Chobe, Hwange, Mana Pools, Kafue, Südluangwa, Kundelungu, Upemba, Ngorongoro, Serengeti, Virunga, Königin-Elisabeth, Masai Mara, Nairobi.

Löffelhund *Otocyon megalotis* *Sch. 35 cm*

Halbwüchsige Tiere

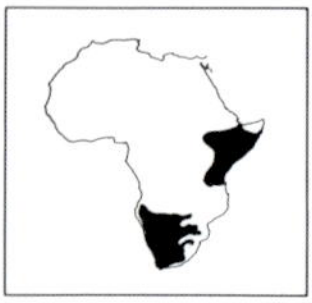

Ein kleiner (bis 5 kg), schakalartiger Fleischfresser mit *auffallend großen Ohren* (14 cm lang). Ziemlich langes, silbergraues Haar, das graumeliert wirkt, bedeckt den Körper. Die Beine sind schwarz, wie auch die Oberseite des buschigen Schwanzes. *Beim schnellen Laufen* bemerkt man den *leicht gekrümmten Rücken.* Er kommt in den meisten Zonen vor, vermeidet aber hohe Gebirge, dichtes Waldland und Forsten. Obwohl er tag- und nachtaktiv ist, ist er um die heiße Mittagszeit träger.Bei Gruppen (zwei bis sechs Exemplare) handelt es sich häufig um einehig lebende Pärchen und deren Nachzucht. Größere Gruppen bilden sich vorübergehend, wenn Nahrung im Überfluß vorhanden ist. Zwar graben diese Tiere ihren eigenen Bau, übernehmen jedoch auch die Baue anderer Spezies. Sie ernähren sich v.a. von Termiten und sonstigen Insekten, auch von Reptilien, Nagetieren und Früchten. Ein Wurf besteht aus vier bis sechs Jungen. **Wildschutzgebiete:** Karru, Bergzebra, Krügerpark, Kalahari-Gemsbock, Namib-Naukluft, Etoscha, Chobe, Hwange, Tsavo, Manyarasee, Serengeti, Samburu, Masai Mara, Nairobi, Amboseli.

Kapfuchs *Vulpes chama Sch. 30 cm*

J Carlyon

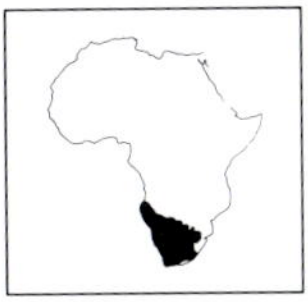

Dies ist der einzige "echte" Fuchs des Gebiets, gleichzeitig der kleinste (2,5-4,0 kg). *Der Rücken und die Seiten sind silbergraumeliert,* Hals, Brust und Vorderläufe von hellem Gelbbraun oder fast weiß. Er verfügt zwar auch über große, spitze Ohren, doch entsprechen sie nicht denen des Löffelhunds. Sein bedeutendstes Merkmal ist der *lange, buschige Schwanz,* der gewöhnlich dunkler als das übrige Haarkleid ist. Obwohl er in verschiedenartigen Zonen leben kann, bevorzugt er Grasfluren und aride, buschbestandene Ebenen. Im extremen Süden seines Verbreitungsgebietes kommt er in dicht mit Fynbos bestandenen Tälern oder Macchia sowie in ausgedehnten Weizenfeldern vor. Diese Tiere leben meistens einzeln und sind hauptsächlich nachtaktiv. Dann lassen sie ihr hohes Heulen und Bellen hören, das vor allem in der Paarungszeit von August bis Oktober ertönt. Sie graben mühelos einen eigenen Bau, wenn kein anderer vorhanden ist. Tagsüber verbergen sie sich in Löchern, dichtem Gebüsch oder Felsspalten. Jedes Tier verteidigt innerhalb eines größeren Wohngebietes sein eigenes Revier. Obwohl ihre Nahrung äußerst abwechslungsreich ist, fressen sie vor allem Insekten, gelegentlich auch Aas, andere Wirbellose und Reptilien. In manchen Teilen ihres Verbreitungsgebietes behauptet man, daß sie Lämmer töten und fressen, daher werden alljährlich mehrere Tausend von Farmern vernichtet. Auch wenn man diese Behauptungen nicht gänzlich widerlegen kann, sind sie wahrscheinlich stark übertrieben. Nach einer Tragzeit von 52 Tagen werden die Jungen im Frühling und Sommer geboren. Zwei Weibchen können mit ihren Jungen einen Bau teilen.

Wildschutzgebiete: Buntbockpark, Karru, Bergzebra, Addo-Elefanten, Willem-Pretorius, Kalahari-Gemsbock, Namib-Naukluft, Etoscha.

Kap-Fingerotter *Aonyx capensis L 1,3 m*

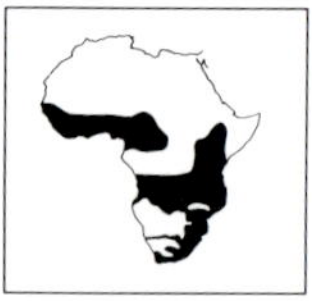

Ein großer Otter (bis 18 kg), der nur dort mit dem Kongo-Fingerotter verwechselt werden könnte, wo sich ihre Verbreitungsgebiete überschneiden. Er ist kräftig gebaut und hat einen langen, etwas abgeflachten Schwanz. Das weiche, kurze, dunkelbraune *Haarkleid wirkt schwarz, wenn es naß ist,* Lippen, Kinn und Kehle sind silberweiß. Die fingerähnlichen Zehen sind krallenlos, obwohl einige Zehen der Hinterfüße über kleine, flache, rudimentäre Nägel verfügen. *An Land hält er den Rücken auffallend gekrümmt,* beim Schwimmen ist nur der Kopf sichtbar. Wenn man bedenkt, daß es sich um einen Otter handelt, ist die Vielfalt der ihm zuträglichen Gehiete erstaunlich. So dringt er an Flußbetten mit Dauertümpeln bis in aride Gebiete vor und hält sich auch in Küstengewässern auf. Seine Aktivität ist an keine Tageszeit gebunden, während der heißen Tageszeit sucht er jedoch Deckung. Er lebt einzeln, paarweise oder als Familiengruppe. Obwohl er seine Beute im Wasser erspähen kann, holt er doch mit Hilfe der "Finger" einen großen Teil seiner Nahrung unter dem Geröll und aus dem Schlamm hervor. Er lebt hauptsächlich von Krebsen, nimmt aber auch Fisch, Amphibien, kleine Säuger und Vögel zu sich. Die Jungen kommen gewöhnlich in einem flachen Bau, zwischen Steinen oder im Gestrüpp zur Welt, wo sie auch verborgen werden.

Wildschutzgebiete: Karru, Giant's-Castle, St.-Lucia-Komplex, Mkuzi, Krügerpark, Moremi, Chobe, Kafue, Ngorongoro, Serengeti, Virunga, Garamba, Masai Mara.

Fleckenhalsotter *Lutra maculicollis L 1,0 m*

R Wirth

Es ist die kleinste der drei, in diesem Gebiet vorkommenden Otterarten und wiegt kaum über 5 kg. Das Haarkleid ist kurz, einheitlich dunkelbraun oder rotbraun mit *helleren Flecken an der Kehle und der oberen Brustpartie.* Die Schwimmfüße verfügen über mit Krallen versehene Zehen. Dieser Otter ist an klare Dauergewässer gebunden und kommt *nie an der Küste* oder weit vom Wasser entfernt vor. Zwei bis sechs, manchmal mehr Tiere sind gemeinsam tagsüber aktiv und bleiben durch Pfiffe miteinander in Kontakt. Sie ernähren sich hauptsächlich von Fisch, doch auch von Krebsen, Fröschen, Vögeln und Insekten. Meistens bringen sie ihre Beute ans Ufer, vertilgen sie aber auch im Wasser. Wie der Kap-Fingerotter hat diese Spezies besondere "Latrinen" am Rande des Gewässers. Zwei bis drei Junge werden nach einer Tragzeit von 60 Tagen vermutlich im Sommer geboren.
Wildschutzgebiete: Giant's-Castle, Krügerpark, Moremi, Chobe, Kafue, Gombe Stream, Rubando Island, Salonga, Maiko, Virunga, Garamba.

Honigdachs *Mellivora capensis Sch. 30 cm*

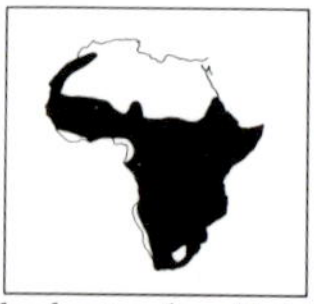

Ein unverkennbarer Fleischfresser, der durch seinen *kraftvollen Bau,* die kurzen Beine und *besonders kleine Augen* auffällt. Das kurze Haarkleid ist *am Scheitel, Nacken und Rücken silbergrau, sonst einheitlich schwarz, auch an den Beinen.* Beim Laufen streckt er gewöhnlich den kurzen Schwanz in die Höhe. Er kommt in allen bedeutenden Habitaten vor. Gewöhnlich ist er nachtaktiv, wo er nicht gefährdet ist, begibt er sich auch während der kühleren Tageszeit auf Nahrungssuche. Meistens nimmt man Einzeltiere oder Pärchen wahr. Sie leben hauptsächlich von Nagetieren und Wirbellosen, verschmähen weder Aas noch Reptilien und Vögel. Wie ihr Name verrät, überfallen sie auch mit besonderer Vorliebe Bienenstöcke. Bis zu vier Junge können ganzjährig geboren werden. **Wildschutzgebiete:** Karru, Hluhluwe/Umfolozi, Krügerpark, Kalahari-Gemsbock, Etoscha, Chobe, Hwange, Mana Pools, Kafue, Südluangwa, Upemba, Tsavo, Ngorongoro, Serengeti, Maiko, Virunga, Königin-Elisabeth, Masai Mara.

Weißnackenwiesel *Poecilogale albinucha L 45 cm*

Ein langes schlankes Wiesel mit *ausgesprochen kurzen Beinen,* die es ihm ermöglichen, in den Bau von Nagetieren einzudringen. Bei dem einheitlich schwarzen Tier verlaufen *vier gebrochen weiße oder gelbliche Streifen* vom Hals bis zur Schwanzwurzel. *Der Scheitel ist weiß.* Obwohl es häufig mit dem Zorilla verwechselt wird, ist sein Haarkleid wesentlich kürzer und fehlt die weiße Gesichtszeichnung. Es bevorzugt zweifellos offene Steppe. Dieses vorwiegend nachtaktive Tier nimmt man einzeln, paarweise oder in Familiengruppen wahr. Zwar vermag es selbst zu graben, doch sucht es oft im Bau der Nagetiere Schutz. Es ernährt sich v.a. von kleinen Nagern. Bei der Geburt wiegen die Jungen bloß 4 g (ausgewachsen 300 g).
Wildschutzgebiete: Willem-Pretorius, Hluhluwe/Umfolozi, Kalahari-Gemsbock, Upemba, Virunga, Königin-Elisabeth.

Zorilla *Ictonyx striatus L 62 cm*

Dieser kleine (bis 1,4 kg), auffallend gezeichnete Fleischfresser hat ein langes, glänzendes, schwarzes Fell mit *vier hervorstechenden, weißen Streifen,* die sich vom Scheitel bis zur Schwanzwurzel erstrecken, auch eine *gefleckte, weiße Gesichtszeichnung. Der vorwiegend weiße Schwanz* ist schwarzgefleckt. Er kommt in allen bedeutenden Habitaten vor, ist ausschließlich nachtaktiv und geht einzeln auf Nahrungssuche. Obwohl er einen eigenen Bau graben kann, hält er sich oft in anderen Verstecken auf. Er ernährt sich von Insekten und kleinen Nagetieren. Im Sommer werden bis drei Junge geboren.
Wildschutzgebiete: Fast alle.

Kleinichneumon *Galerella pulverulenta L 62 cm*

Die zwei Ichneumons haben zwar starke Ähnlichkeit miteinander, doch ist diese Art wesentlich kleiner als der Ichneumon (bis 1,0 kg), auch *fehlt die schwarze Schwanzspitze*. Körper und Schwanz sind einheitlich hell- oder dunkelgrau und *auffallend meliert*. Die Beine sind gewöhnlich dunkelbraun oder schwarz. Er kommt vom Küstenwald bis zum hohen Gebirge vor, ist fast ausschließlich tagaktiv und lebt vorwiegend einzeln. Der Kleinichneumon bedient sich innerhalb seines Gebietes ausgetretener Pfade und verteidigt vermutlich teilweise sein Revier. Er lebt vor allem von kleinen Nagetieren und Wirbellosen. Die vollkommen hilflosen Jungen (bis drei) kommen von August bis Dezember zur Welt. **Wildschutzgebiete:** Kap der Guten Hoffnung, Buntbock, Karru, Bergzebra, Addo-Elefanten.

Ichneumon *Herpestes ichneumon L 1,0 m*

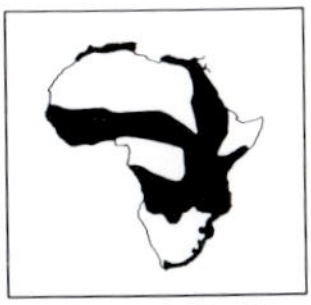

Diese große Manguste (bis 4 kg) hat ein *langes, graumeliertes Fell,* die Füße und die untere Partie der Beine sind schwarz. *Die Schwanzspitze ist* auffallend *schwarz.* Sie bevorzugt dichtbewachsenes, wasserreiches Gelände und ist vorwiegend tagaktiv. Meistens gewahrt man sie einzeln oder paarweise. Diese Tiere stellen sich häufig auf die Hinterbeine, um sich umzuschauen. Sie ernähren sich hauptsächlich von kleinen Nagetieren, fressen aber auch eine Reihe kleiner Wirbeltiere und Wirbellose. Normalerweise werden zwei bis vier Junge während der Sommermonate geboren.
Wildschutzgebiete: St.-Lucia-Komplex, Krügerpark, Moremi, Chobe, Mana Pools, Kafue, Südluangwa, Kundelungu, Virunga, Garamba, Königin-Elisabeth, Marsabit, Masai Mara.

Schlankichneumon *Galerella sanguinea L 58 cm*

Eine schlanke, kurzbeinige Manguste, die Palette ihrer Färbung reicht von meliertem Gelbbraun bis zum Grau oder gelblichem Rotbraun. Allen gemeinsam ist die *auffallende, schwarze Schwanzspitze.* Beim schnellen Laufen hebt sie den Schwanz, den sie manchmal selbst nach vorn über den Rücken senkt. Sie kommt in verschiedenartigen Zonen vor, vorausgesetzt, es gibt genügend Deckung. Man sieht sie meistens einzeln, und obwohl sie vorwiegend auf dem Boden lebt, ist sie ein guter Kletterer. Sie ernährt sich von kleinen Wirbeltieren und Wirbellosen. Ein oder zwei Junge kommen während der feuchtwarmen Monate zur Welt.
Wildschutzgebiete: Hluhluwe/Umfolozi, Mkuzi, Krügerpark, Pilanesberg, Kalahari-Gemsbock, Etoscha, Moremi, Chobe, Hwange, Mana Pools, Kafue, Südluangwa, Tsavo, Serengeti, Virunga, Garamba, Marsabit, Masai Mara.

Wassermanguste *Atilax paludinosus L 80 cm- 1 m*

Eine große (bis 5,5 kg) *struppige* Manguste, meistens dunkelbraun, manche sind rotbraun oder fast schwarz. Das *Haarkleid glänzt häufig*, sie verfügt aber über keine besondere Zeichnung. Wie der Name besagt, hält sich das Tier in wasserreichen Gebieten auf: an Flüssen, Ästuaren, Sümpfen, in Marschland. Gelegentlich dringt sie in arides Gelände vor, wenn in Trockenflüssen Dauertümpel vorhanden sind. Sie ist zwar vorwiegend nachtaktiv, zeigt sich aber auch in der Dämmerung. Ihr Wohngebiet verläuft meistens linear, da sie sich an Flußufern und anderen Gewässern aufhält. Bei der Nahrungssuche gebraucht sie bestimmte Wege, schwimmt auch häufig. Obwohl sie sich hauptsächlich von Krebsen und Amphibien ernährt, frißt sie auch Vögel, Nagetiere, Insekten und Reptilien. Im Süden werden bis drei Junge (August bis Dezember) geboren.
Wildschutzgebiete: Kap der Guten Hoffnung, Buntbock, Karru, Bergzebra, Giant's-Castle, Hluhluwe/Umfolozi, Mkuzi, Krügerpark, Moremi, Kafue, Südluangwa, Upemba, Virunga, Garamba, Königin-Elisabeth, Masai Mara, Nairobi.

Zwergmanguste *Helogale parvula L 38 cm*

Die *kleinste Manguste* des Gebiets wiegt durchschnittlich 300 g. Sie ist einheitlich dunkelbraun und wirkt aus der Ferne fast schwarz. Das leicht melierte Fell glänzt auffallend. Sie kommt in offenem Waldland und Grassavannen, v.a. in steinigem Gelände vor. Ungefähr 10 Zwergmangusten leben innerhalb eines bestimmten Wohngebietes und bewohnen Baue, die sich gewöhnlich in Termitenhügeln befinden. Eine ausgeprägte Sozialstruktur reiht alle Tiere dieser Kolonie ihrer Bedeutung entsprechend ein. An der Spitze stehen ein männliches und ein weibliches Leittier. Nur das letztere pflanzt sich fort und säugt die Jungen, die aber sonst von anderen Tieren betreut werden. Sie ernähren sich hauptsächlich von Insekten.

Wildschutzgebiete: Krügerpark, Etoscha, Moremi, Chobe, Hwange, Mana Pools, Kafue, Südluangwa, Tsavo, Ngorongoro, Serengeti, Masai Mara, Nairobi.

Weißschwanzmanguste *Ichneumia albicauda L1,2 m*

P Pickford

Diese *ausgesprochen große Manguste* (bis 5,2 kg) krümmt beim Laufen *den Rücken, so daß er die Schultern überragt*. Das grobe, zottelige Haar ist am Körper und den langen Beinen graubraun bis fast schwarz, der dichtbehaarte, *weiße Schwanz* ist ihr besonderes Merkmal. Sie lebt in der Baumsavanne, gelegentlich auch in Wäldern. Über sie ist wegen ihrer ausschließlich nächtlichen Tätigkeit wenig bekannt. Sie begibt sich einzeln auf Nahrungssuche und lebt von vielerlei Beute, die auch Tiere bis zur Größe von Rohrratten einschließt. Die Jungen werden vermutlich im Frühling oder zu Sommeranfang geboren.

Wildschutzgebiete: Hluhluwe/Umfolozi, Mkuzi, Krügerpark, Chobe, Hwange, Mana Pool, Kafue, Südluangwa, Upemba, Tsavo, Serengeti, Virunga, Königin-Elisabeth.

Zebramanguste *Mungos mungo L 55 cm*

Eine kleine (bis 1,6 kg) graumelierte oder graubraune Manguste mit *10 bis 12 dunkelbraunen oder schwarzen Querstreifen,* die sich hinter den Schultern bis zur Schwanzwurzel erstrecken. Im Gegensatz zum spärlich behaarten Schwanz der Surikate ist der ihre buschig. Sie bevorzugt mit schützendem Unterholz bestandenes Waldland. Gruppen von fünf bis 30 Exemplaren leben in einem relativ kleinen Wohngebiet (4 km^2) zusammen und finden hier an verschiedenen Stellen Unterschlupf. Bei der Begegnung mit anderen Gruppen kann es zu Auseinandersetzungen kommen, doch scheinen diese Tiere ihr Revier nicht zu verteidigen. Sie ernähren sich von Wirbellosen, Reptilien, Vögeln und Mäusen. Nachdem zwei bis sechs Junge zur Welt gekommen sind, werden sie von irgendeinem laktierenden Weibchen der Gruppe gesäugt.

Wildschutzgeb.: Hluhluwe/Umfolozi, Mkuzi, Krügerpark, Etoscha, Moremi, Chobe, Hwange, Kafue, Südluangwa, Upemba, Serengeti, Ruwenzori, Vunga, Garamba, Königin-Elisabeth, Amboseli.

Fuchsmanguste *Cynictis penicillata L 50 cm*

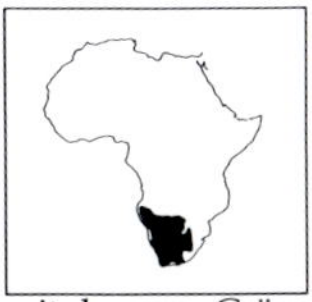

Eine kleine Manguste (weniger als 1 kg), bei deren Färbung v.a. zwei Formen auffallen: *rotgelb mit weißer Schwanzspitze* oder gräulich, ohne weiße Schwanzspitze. (v.a. in Botswana). Eine hellere Färbung fällt auch am Kinn, an Kehle und oberer Brustpartie auf. Sie ist nicht in dichtbewachsenen Gebieten anzutreffen, sondern kommt in offenen, mit kurzen Gräsern bestandenen Steppen und im Gestrüpp der Halbwüste vor. Das tagaktive Tier geht einzeln auf Nahrungssuche, lebt aber mit fünf bis 10 anderen in kleinen Kolonien. Obwohl sie auch ihren eigenen Bau graben, teilen sie manchmal die Höhlen der Surikate und des Erdhörnchens. Sie ernähren sich hauptsächlich von Insekten und anderen Wirbellosen. Im Sommer werfen sie zwei bis fünf Junge. **Wildschutzgeb.:** Karru, Bergzebra, Kalahari-Gemsbock, Etoscha, Chobe.

Surikate (Erdmännchen) *Suricata suricatta L 50 cm*

Die Färbung dieser Spezies variiert von rehbraun bis silbergrau, wobei sich eine *Reihe dunkler, unregelmäßiger Querstreifen* hinter der Schulter bis zur Schwanzwurzel erstrecken. Den dünnen, sich verjüngenden, kurzhaarigen Schwanz mit schwarzer Spitze *streckt das Tier beim Laufen gerade empor*. Es sitzt oft aufrecht auf den Hinterbeinen, wobei es sich mit dem Schwanz abstützt. Diese Art kommt nur in offenen, spärlich bewachsenen, regenarmen Gebieten vor. Bis 40 Tiere leben im selbstgegrabenen Bau. Sie sind tagaktiv und ernähren sich von Insekten und anderen Wirbellosen. **Wildschutzgebiete:** Karru, Bergzebra, Willem-Pretorius, Kalahari-Gemsbock, Namib-Naukluftpark.

Pelzrobbe *Arctocephalus pusillus L 1,6-2,2 m*

Junge Robbe beim Säugen

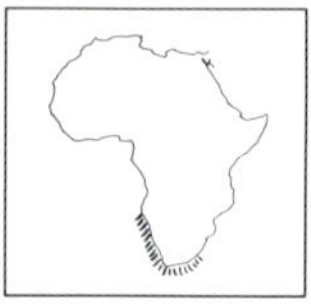

Die einzige, in diesem Gebiet beheimatete Robbe. Über eine Million Tiere leben in 23 Brutkolonien auf der Küste vorgelagerten Inseln und dem Festland. An ihrer Größe, *den in Flossen umgebildeten Gliedmaßen, kleinen Ohrmuscheln, ihrem Habitat* sind sie leicht zu erkennen. Wenn sie sich an Land bewegen, schwenken sie die Hinterflossen nach vorn und beugen die Vorderflossen nach außen. Die Kühe sind meistens graubraun, die Bullen etwas dunkler, doch wirkt das nasse Fell noch dunkler. Neugeborene sind schwarz. Ausgewachsene Bullen können im Sommer bis 300 kg wiegen; Mitte Oktober erkämpfen sie sich in den Brutkolonien ein Revier, das sie verteidigen. Die Kühe kommen im November an, fünf bis sechs Tage nach der Geburt der Jungen paaren sie sich mit den Revierbullen. Gegen Ende Dezember werden Harems und Reviere aufgegeben. Ihre Nahrung (v.a. Fischschwärme, Kalmar, Krustentiere) finden sie ausschließlich im Meer.

Wildschutzgebiete: Kreuzkap-Pelzrobben

Dugong *Dugong dugong* *L 2,5-5,3 m*

P K Anderson

Dieses Tier lebt ausschließlich im Wasser und hat einen typischen, *zigarrenförmigen Körper,* in runde Flossen umgebildete Vordergliedmaßen und *keine Hintergliedmaßen.* Es ist graubraun, doch etwas dunkler an der Oberseite und trägt vereinzelte Borsten. Der Dugong lebt in *flachen, geschützten Buchten und Lagunen* und zieht an flachen Küsten entlang von einem dieser Gebiete zum anderen. Sein beachtliches Verbreitungsgebiet erstreckt sich an geeigneten warmen Gewässern des Indischen Ozeans vom Roten Meer südwärts bis nach Moçambique, gelegentlich verirren sich einige Tiere nach Nordnatal. In Ostafrika besteht zwischen Lamu und Malini, Rufigi bis Mafia und an der Küste um Pemba und Sansibar die beste Möglichkeit, die Tiere zu beobachten. In jüngster Zeit wurde der Bestand infolge der Jagd, Umweltverschmutzung und der Verhältnisse in den Nahrungsgebieten dezimiert. Früher waren Herden von 500 Tieren keine Seltenheit, doch heutzutage gewahrt man meistens Familienverbände oder mehrere dieser Gruppen, die sich in Nahrungsgebieten zusammenfinden, so daß es sich meistens um sechs bis 30 Tiere handelt. Sie ernähren sich von Seegras und anderen Wasserpflanzen, von denen das ausgewachsene Tier täglich ca. 30 kg verzehrt. Nach der vermutlich zwischen Juli und August stattfindenden Paarung (in Moçambique beobachtete man zwischen November und Januar Spitzenzeiten) wird ein einzelnes Junges gesetzt.

Wildschutzgebiete: Keine

Anmerkung: Die dem Dugong verwandten westafrikanischen Manati *(Trichechus senegalensis)* kommen von Senegal bis Angola vor. Obwohl sie gelegentlich an der Küste beobachtet werden, leben sie vorwiegend in den bedeutendsten Flußsystemen, dringen auch bis in den Zaire River und somit in das im vorliegenden Text behandelte Areal vor.

HERRENTIERE *Ordnung Primates*

Zu den zahlreichen Herrentieren Afrikas zählen auch der Gorilla, der Schimpanse, der Barnobo, viele typische "langschwänzige" Affen, Paviane und Halbaffen. Viele kommen in unserem Areal vor, wobei die Vielfalt nach Süden hin abnimmt.
Die meisten Arten sind Waldbewohner, doch einige leben in offenem Waldland. Von allen Herrentieren ist der Mensch *(Homo sapiens)* natürlich am weitesten verbreitet.

Gorilla *Gorilla gorilla Aufrecht ♂ 1,7 m ♀ 1,5 m*

R I M Campbell/BCL

Männlicher Berggorilla

Das Männchen des *größten Herrentiers* kann in der Wildnis bis 180 kg wiegen. Man unterscheidet drei Unterarten: den Westtieflandgorilla, den Osttieflandgorilla und den Berggorilla. In der freien Natur verblieben weniger als 20 000 Exemplare, von denen bloße 400 zu den Berggorillas zählen. Zwischen den drei Unterarten besteht große Ähnlichkeit, Unterschiede zeigen sich in der Färbung, Haarlänge und. Schädelstruktur Das *Haarkleid ist schwarz oder schwarzgrau* und wird mit zunehmendem Alter grauer, während die *ausgewachsenen Männchen einen breiten, silbergrauen "Sattel" tragen.* Trotz ihres furchterregenden Anblicks sind sie harmlos und friedlich. Zwei bis 35 Tiere leben in Gruppen gesellig, am häufigsten sieht man fünf bis 10. Der Zusammenhalt dieser verhältnismäßig stabilen Gruppen erstreckt sich teilweise über einen langen Zeitraum. Ihr Wohngebiet ist klein (5-30 km^2), und weil genügend

Bruce Coleman Ltd

Weiblicher Tieflandgorilla mit Jungem

Laub, von dem sie sich vorwiegend ernähren, vorhanden ist, durchqueren sie täglich nur einen geringen Teil des Gebiets. Nachts bauen sie sich aus Zweigen und Blättern ein Nest auf einem Baum oder auf dem Boden. Da die Gruppen ihr Revier nicht verteidigen, überschneiden sich die Wohngebiete weitgehend. Jede aus Weibchen und deren Nachzucht bestehende Gruppe wird von einem ausgewachsenen Männchen geführt. Sobald sie geschlechtsreif sind, schließen sich die Weibchen anderen Gruppen an, während die jungen Männchen ihren eigenen Harem bilden. Wenn sie sich um die Gunst eines Weibchens bemühen, verhalten sich die Männchen oft ihren Rivalen gegenüber aggressiv. Die Paarung ist an keine Jahreszeit gebunden, und nach einer Tragzeit von ca. 260 Tagen wird ein einzelnes Junges (2 kg) geboren. Sie beginnen ungefähr im Alter von 10 Jahren, sich fortzupflanzen.
Wildschutzgebiete: Kahuzi-Biega, Maiko, Virunga.

Schimpanse *Pan troglodytes L 70-92 cm aufrecht ♂ 1 m*

Ausgewachsenes Weibchen und Halbwüchsiger

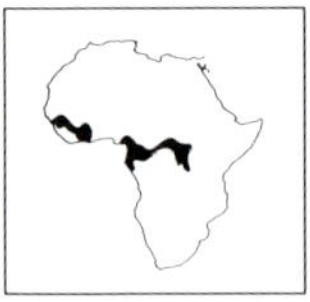

Das *menschenähnliche Aussehen* ist ein unverkennbares Merkmal dieser Spezies. Ihr recht schütteres, *schwarzes Haarkleid* geht oft in gänzliche Nacktheit über. An Händen und Füßen ist die Haut schwarz, *im Gesicht variiert sie zwischen rosa und schwarz*, wobei die älteren Tiere gewöhnlich ein dunkleres Gesicht haben. In der Wildnis wiegen sie viel weniger als in der Gefangenschaft, das schwerere Männchen 40 kg, das Weibchen 30 kg. Beim Schimpansen fällt vor allem die weithin hörbare, stimmliche Äußerung auf. Er ist weniger von einem bestimmten Habitat abhängig als der Gorilla und kommt in Wäldern, Baumsavanne und selbst den anliegenden Grasfluren vor. Horden von 50 bis 120 Tieren leben gesellig in bis 50 km² großen Wohngebieten. Auf der Nahrungssuche beanspruchen sie Kerngebiete für sich allein oder für Gruppen, die aus drei bis sechs Schimpansen bestehen. In manchen Landstrichen leben sie nomadisch und durchstreifen ein Gebiet, das sich 400 km² ausdehnen kann. Männchen verlassen selten die Horde, in die sie hineingeboren werden, sobald die Weibchen geschlechtsreif sind, schließen sie sich einer benachbarten Horde an. Nach einer Tragzeit von ca. 240 Tagen findet die an keine Jahreszeit gebundene Geburt eines einzelnen Jungen statt. Ihre abwechslungsreiche Nahrung schließt vor allem Früchte, auch Insekten und anderes Fleisch ein. Abgesehen vom Menschen ist der Schimpanse eines der wenigen Tiere, die Werkzeuge gebrauchen und herstellen. Diese dienen zum Termitenfang, werden als Keule oder zum Nußknacken verwendet. Alle drei anerkannten Unterarten gingen zahlenmäßig zurück, weil ihr Habitat zerstört, auf sie Jagd gemacht wurde und die Jungen Tierfängern zum Opfer fielen. Der Schimpanse kommt nur bis zum Zaire River vor, weiter südlich lebt der Bonobo.

Wildschutzgebiete: Gombe Stream, Kahuzi-Biega, Maiko, Virunga, Garamba, Murchison Falls.

Bonobo *Pan paniscus Aufrecht ♂ 1 m*

Bruce Coleman Ltd

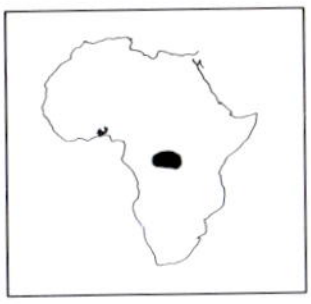

Obwohl man ihn auch Zwergschimpanse nennt, entspricht er größenmäßig seinem Vetter, dem Schimpansen. Allerdings ist er *graziler gebaut und hat längere Gliedmaßen*. Das *Haarkleid ist schwarz, das Gesicht immer schwarz*. Gewöhnlich trägt er *am Steiß ein weißes Haarbüschel*. Da er auf feuchte Regenwälder südlich des Zaire River beschränkt ist, überschneidet sich sein Verbreitungsgebiet nicht mit dem der vorigen Spezies. Er lebt in sechs bis 15 starken Horden, die im allgemeinen stabiler als beim Schimpansen sind und in denen sich männliche und weibliche Tiere die Waage halten. Sie ernähren sich vorwiegend von Früchten. Am Vormittag und am späten Nachmittag fressen sie gewöhnlich hoch oben in den Bäumen, wo sie bei Gefahr schnell flüchten können. Während der heißen Mittagsstunden findet die Nahrungssuche hauptsächlich am Waldboden statt. Nachts schlafen sie in Baumnestern, die sie aus Zweigen und Blättern mehr als 20 m über dem Boden bauen. Die Forschung hat sich bisher kaum mit dieser interessanten Spezies befaßt, von der nur wenige Tiere in Gefangenschaft leben. Ein einzelnes, ca. 1,5 kg schweres Junges wird unabhängig von der Jahreszeit geboren.

Wildschutzgebiete: Keine.

Steppenpavian *Papio cynocephalus L bis 1,8 m*

W Layer/BCL

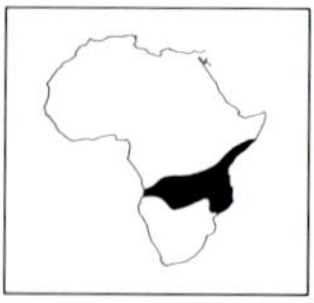

Über die Frage, ob dieser Pavian und der Tschakmapavian als eine oder zwei getrennte Spezies zu bestimmen seien, besteht noch keine Einigkeit. Neuerdings entschied man sich stärker für bloß eine Spezies, die dann entweder Savannenpavian oder Gemeiner Pavian heißen soll. Wie dem auch sei, zwischen diesen Pavianen besteht eine große Ähnlichkeit, während wirkliche Unterschiede gering sind. Die Ähnlichkeit zeigt sich am Körperbau, denn Steppen- und Tschakmapavian haben *einen kaum von den Schultern zum Gesäß abfallenden Rücken, lange, schlanke Arme und einen großen "hundeartigen" Kopf.* Auch im Verhalten bemerkt man kaum Unterschiede. Er ist durchgehend gelbbraun, heller an der Bauchseite, hat jedoch nicht die ausgeprägte, langhaarige Mähne des Tschakmapavians. Der *Schwanz wirkt "gebrochen", hat also einen typischen Knick.* Dieser Pavian lebt hauptsächlich vegetarisch, tötet und frißt aber auch kleine Säuger, wie junge Antilopen und Hasen. Wenn sie bebaute Felder berauben, kommen sie mit dem Menschen in Konflikt und wurden daher in manchen Gebieten dezimiert. Bei den Weibchen beider Spezies zeigt eine große, dunkelrosa perineale Geschwulst die Paarungsbereitschaft an. Nach einer Tragzeit von sechs Monaten wird ein einzelnes Junges geboren. Während der ersten Lebenswochen klammert es sich an die Brust der Mutter, später wird es auf deren Rücken getragen. Von den Herrentieren Ostafrikas sieht man den Steppenpavian am häufigsten.

Wildschutzgebiete: Kafue, Kundelungu, Gombe Stream, Tsavo, Arusha, Manyarasee, Ngorongoro, Serengeti, Salonga, Murchison Falls, Mt Elgon, Mt Kenia, Nairobi.

Tschakmapavian *Papio ursinus* *L 1,0-1,6 m*

G Cubitt

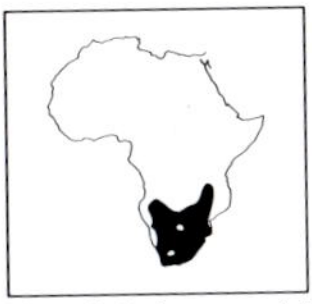

Dieser schlanke Affe ist relativ leicht gebaut, obwohl die *Männchen kräftige Schultern sowie einen wuchtigen Kopf* haben und bis 45 kg wiegen. Der *Kopf wirkt hundeartig*, die Haltung des *langen, "geknickten" Schwanzes ist charakteristisch.* Das grobe, den Körper bedeckende Haar variiert von hellem Grau bis zum dunklen Graubraun. Handrücken und Füße sind dunkelbraun oder schwarz. Tschakmapaviane sind weit verbreitet und kommen fast überall dort vor, wo sie an Felsenkliffen oder auf hohen Bäumen schlafen können und wo sich Dauergewässer befinden. Diese Paviane leben ausgesprochen gesellig. Im Durchschnitt finden sich 15 Tiere zusammen, doch in manchen Gebieten sind 100 keine Seltenheit. Die Horde wird von einem ausgewachsenen, männlichen Leittier geführt, dann folgen, der Rangordnung entsprechend, dessen "Adjutanten", die übrigen Männchen, ausgewachsene Weibchen und alle Jungen. Der Führer bestimmt den Zug der Herde und begattet die paarungsbereiten Weibchen. Das Bellen oder "Bochom" des Tschakmapavians gehört im afrikanischen Busch zu den typischen Lauten. Diese Paviane sind Allesfresser, und es gibt tatsächlich kaum etwas, was sie nicht fressen. Die Geburt des einzelnen Jungen ist an keine Jahreszeit gebunden.

Wildschutzgebiete: Kap der Guten Hoffnung, Bergzebra, Giant's-Castle, Hluhluwe,/Umfolozi, Mkuzi, Krügerpark, Moremi, Chobe, Hwange, Mana Pools, Südluangwa.

Grünmeerkatze *Cercopithecus aethiops* *L 95 cm-1,3 m*

Diese wohlbekannte Meerkatze hält sich oft in der Nähe menschlicher Behausung auf. Das grobe, ziemlich lange Haar ist *einheitlich graumeliert*, das *Gesicht allerdings schwarz und von hellem bis weißem Haar eingerahmt*. Auf dem Handrücken und den Füßen wächst kurzes, schwarzes Haar. Das ausgewachsene Männchen hat einen auffallenden, *himmelblauen Hodensack*. Das Tier ist in der Baumsavanne und Galeriewäldern weit verbreitet. Zwar können 20 oder mehr herdenweise leben, doch sind kleinere Horden häufiger. In jeder Gruppe herrscht eine strenge Rangordnung. Die ausschließlich tagaktive Grünmeerkatze schläft nachts auf Bäumen. Sie ernährt sich von verschiedenartigen Pflanzen, Insekten und gelegentlich von kleinen Wirbeltieren. Die Geburt eines einzelnen Jungen ist an keine Jahreszeit gebunden.

Wildschutzgebiete: Addo-Elefanten, Hluhluwe/Umfolozi, Mkuzi, Krügerpark, Moremi, Chobe, Hwange, Mana Pools, Kafue, Südluangwa, Tsavo, Serengeti, Naivashasee, Nairobi, Amboseli.

Diademmeerkatze *Cercopithecus mitis L 1,2-1-4 m*

Natal Parks Board/R De La Harpe

Diese Meerkatze ist größer und viel dunkler als die Grünmeerkatze, und man unterscheidet eine Reihe auffallend gefärbter Unterarten. Bei der südlichen Form sind Rücken und Seiten graubraunmeliert, doch ist das Haar an Beinen und Schultern dunkelbraun oder schwarz. *Nur Lippen und Kehle sind weißhaarig*. Das *lange Haar an der Stirn und den Wangen* fällt besonders auf, der lange Schwanz ist zu zwei Dritteln schwarz. Diese Meerkatze ist auf einheimische Wälder beschränkt, begibt sich zur Nahrungssuche aber auch an den Waldrand. Zwar kommen Horden mit 30 Tieren vor, doch gewahrt man gewöhnlich kleinere Gruppen, die sich meistens auf Bäumen, selten auf dem Boden aufhalten. Ihr typischer, abgehackter Ruf schallt weit durch den Wald. Sie ernähren sich vorwiegend von Früchten, Blüten, Harz, Blättern und Samen. Die Jungen werden im Sommer geboren.

Wildschutzgebiete: St.-Lucia-Komplex, Hluhluwe/Umfolozi, Ndumo, Nyika-Hochland, Kilimandscharo, Salonga, Mt Kenia.

Eulenkopfmeerkatze *Cercopithecus hamlyni L 1,1 m*

R Wirth

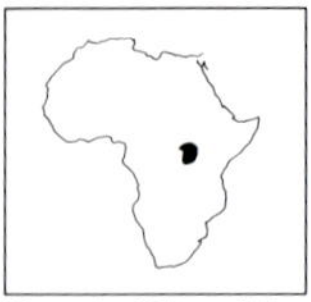

Ein mittelgroßer Affe mit großem, rundem Gesicht, dessen Merkmal der *auffallende, sich von der Stirn bis zur Oberlippe erstreckende, schmale Streifen* ist. An der Oberseite ist er von dunklem Olivengrün, Bauchseite und Beine sind schwarz. An der Spitze des relativ kurzen, dicken Schwanzes trägt er eine schwarze, buschige Quaste. Diese Meerkatze kommt nur in den dichten, tropisch-montanen Regenwäldern vor und lebt in kleinen Horden, die von einem ausgewachsenen Männchen geführt werden. Sie ernährt sich von Früchten, Laub und Insekten. Über ihr Verhalten ist wenig bekannt, man vermutet aber, daß sie wenigstens teilweise nachtaktiv ist.
Wildschutzgebiete: Kahuzi-Biega, Virunga.
Anmerkung: Die Meerkatzenartigen umfassen eine große, komplexe Gruppe. Wenigstens 17 Arten kommen in Afrika vor, davon 12 in dem Gebiet, mit dem sich dieser Text befaßt. Über viele ist nur wenig bekannt, und sie wurden bisher kaum in der Wildnis erforscht. Die nachstehenden Spezies treten in den einheimischen Wäldern Zentral- und Ostafrikas auf: Kongo Weißnase *Cercopithecus ascanius* – Nordost- und Ostzaire, Süduganda, Westkenia, Westtansania, Ruanda; Schnurrbartaffe *C.cephus* – im extremen Nordwesten des Gebiets; Vollbartmeerkatze *(C.l'hoesti)* – Ostzaire, Westuganda, Ruanda; Große Weißnase *(C.nictitans)* – Nordwestzaire Kronenmeerkatze *(C.pogonias)* – Nordwestzaire; Brassa-Meerkatze *(C.neglectus)* – Zaire, Westkenia, Uganda; Wolf-Meerkatze *(C.wolfi)* – Zaire, Westuganda; Dryas-Meerkatze *(C.dryas)* – Zaire.

Monameerkatze *Ceropithecus mona L 1,2 m*

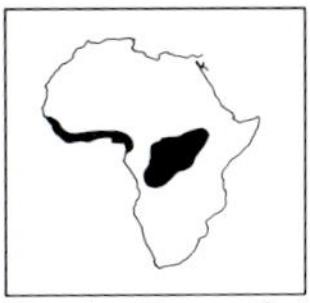

Diese mittelgroße Meerkatze (bis 6 kg) hat ein *schieferblaues Gesicht* mit abstechendem, *fleischfarbenem Maul.* Ein grauweißer Stirnstreifen trennt das Gesicht von dem dunklen Scheitel, während sich *vom Auge zum Ohr ein schwarzes Band* erstreckt. Der Scheitel und die Schultern sind olivengrün, der Steiß ist etwas dunkler, die Bauchseite weiß. Die Vordergliedmaßen sind außen schwarz, der Schwanz ist oben schwarz und an der Unterseite weiß oder gelb. Diese Spezies lebt in den Regenwäldern, wo sie sich von Früchten, jungen Trieben und Insekten ernährt. Sie lebt in verhältnismäßig großen Horden mit einem oder mehreren ausgewachsenen Männchen. Den gemeinen Namen Monameerkatze verdankt sie dem Kontaktruf des Weibchens. Bei dieser Art unterscheidet man eine Reihe von Rassen und Unterarten, die hauptsächlich im Westen ihres Verbreitungsgebietes auftreten. In verschiedenen Fällen meinen Fachleute, daß ob der Variationen die Bestimmung getrennter Spezies geboten wäre.
Wildschutzgebiete: Virunga.

Guereza *Colobus guereza L 95 cm-1,5 m*

P Frere

Dieser auffallende Stummelaffe hat eine *v-förmige, weiße Seidenmähne, die sich über die Seiten und die untere Rückenpartie* ausbreitet und von dem *kürzeren, schwarzen Haarkleid absticht*. Der *lange, überwiegend schwarze Schwanz* ist buschig und um die Spitze weiß, *das Gesicht umgibt ein kurzer, weißer "Bart"*. In Mt Kenia nimmt man häufig Albinos wahr. Bei den vielen Variationen werden mehrere Unterarten anerkannt. Die Tiere kommen in verschiedenartigen Habitaten vor, die u.a. Bambusdickicht, Waldland, und Baumsavanne einschließen, doch beanspruchen sie Wasser und grünes Laub. Sie leben *vorwiegend auf Bäumen*, klettern jedoch gelegentlich auf den Boden. Man konnte sie bereits auf der Suche nach Wasserpflanzen bis zur Taille im Wasser waten sehen, sie ernähren sich aber meistens von ausgesuchtem Laub. Zwar beobachtete man schon Horden von 50 Tieren, üblicher ist jedoch eine kleinere Anzahl. Das kleine Wohngebiet wird von der Menge der vorhandenen Nahrung bestimmt. Splittergruppen bilden lose Verbände, und besonders bei großen Horden gewahrt man selten alle Tiere gleichzeitig. Die Geburt der Jungen, die zu diesem Zeitpunkt fast gänzlich weiß sind, ist an keine Jahreszeit gebunden.

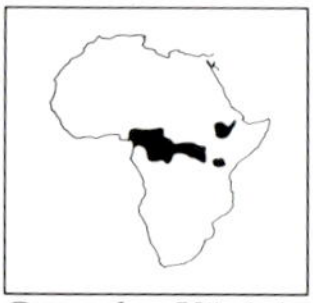

Wildschutzgebiete: Kilimandscharo, Virunga, Garamba, Königin-Elisabeth, Mauwald, Naivashasee.

Anmerkung: Drei andere Spezies des "schwarzen" Colobus kommen in West-, Zentral- und Ostafrika vor: Satanaffe *Colobus satanas*, Weißbartstummelaffe *C.polykomos* und Mantelaffe *C.angolensis*. Nur der letztere kommt im Verbreitungsgebiet des Guereza vor. Man erkennt sie an der fehlenden weißen Rückenmähne, den langen weißen Haarbüscheln auf den Schultern und dem deutlichen weißen Schnurrbart. Ihr Schwanz ist nicht so buschig wie beim Guereza.

Husarenaffe *Erythrocebus patas L ♂ bis 1,6 m*

P Jackson

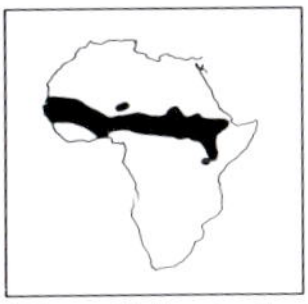

Er ist das "Windspiel" unter den Affen und mit seinen *langen Beinen und schlankem Körper* dem Leben auf dem Boden vorzüglich angepaßt. Das *Haarkleid ist kurz und grob.* Die *Männchen sind ziegelrot,* wiegen bis 10 kg und haben einen *blauen Hodensack, das Haarkleid der Weibchen und Jungen ist gelblicher.* Die Bauchseite ist heller oder weiß. Die *auffallende Gesichtszeichnung* besteht aus einem *weißen Schnurrbart,* der sich von dem dunklen Gesicht abhebt, und *einem weißen Nasenfleck.* Im Gegensatz zu anderen Affen *vermeidet* der Husarenaffe *üppig bestandene Gebiete, lebt in der Trockensavanne* und steinigem Gelände, obwohl er nachts auf Bäumen schläft. In Ostafrika kommen Horden mit 50 Tieren vor, doch kleinere Gruppen sind häufiger. In jeder Gruppe herrscht eine strenge Rangordnung. Das Männchen hält nach Gefahren Ausschau, wobei es sich oft auf die Hinterbeine stellt. Sie unterscheiden sich von Waldbewohnern durch ihr viel größeres Wohngebiet und ernähren sich von vielfältigen Pflanzen, auch Insekten. Junge kommen zwischen Januar und Mai zur Welt.
Wildschutzgebiete: Serengeti, Murchison Falls, Masai Mara, Amboseli.

Riesengalago *Otolemur crassicaudatus L 80 cm*

G Cubitt

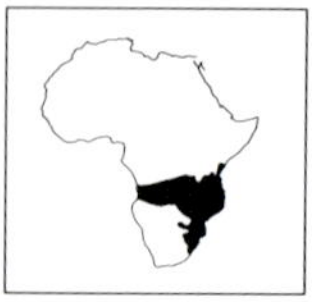

Obwohl man ihn gewöhnlich auf Bäumen bemerkt, hat er auf dem *Boden eine flüchtige Ähnlichkeit mit einer Katze*, doch fällt der Rücken vom Hinterteil zu den Schultern ab und streckt er den langen, buschigen Schwanz empor. Das wollige, feine Haarkleid ist graubraun, an der Bauchseite heller. Seine besonderen Merkmale sind *große, runde Ohren und große Augen*, Da diese Halbaffen nachtaktiv sind, nimmt man sie selten wahr, sie verraten sich aber durch ihren häufigen, *lauten Schrei*. Er kommt nur in Waldland vor, u.a. in Forsten und Galeriewäldern. Tagsüber schläft er im dichten Laub oder im selbstgebauten Nest auf einem Baum. Dort ruhen bis sechs der Tierchen beieinander, auf die Futtersuche begeben sie sich meistens allein. Sie ernähren sich von Früchten, Harzen, Insekten, Vögeln und Eidechsen. Der Wurf besteht meistens aus zwei Jungen. **Wildschutzgebiete:** Hluhluwe/Umfolozi, Mkuzi, Krügerpark, Mana Pools, Kafue, Südluangwa, Upemba, Ruaha, Kilimandscharo, Serengeti, Masai Mara, Nairobi.

Kleiner Galago *Galago moholi L 40 cm*

P Steyn

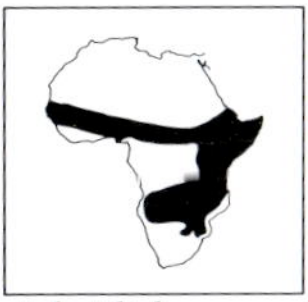

In diesem Gebiet kommen drei Spezies der kleineren Galagos vor, zwischen denen starke äußerliche Ähnlichkeit besteht. Der Kleine Galago könnte mit der vorherigen Art verwechselt werden, doch ist er *viel kleiner* und klettert selten auf den Boden. Sein buschiger Schwanz ist länger als Kopf und Körper zusammen. Er ist einheitlich grau oder graubraun, heller an der Bauchseite, *und die großen, nach vorn gerichteten Augen umgibt ein schwarzer Ring.* Dieser Galago lebt in der Baumsavanne, bevorzugt Akazien sowie Galeriewälder. Er ist nachtaktiv und ruht mit seinen Artgenossen (bis 8) in selbstgebauten Nestern, Baumhöhlen und Gestrüpp. Jede Gruppe bewohnt ein ca. 3 ha großes Gebiet, das sie verteidigt. Sie sind *äußerst behende* und gute Springer, ernähren sich hauptsächlich von Pflanzensaft und Harz, auch Insekten. Die Jungen wiegen bei der Geburt bloß 9 g.

Wildschutzgebiete: Krügerpark, Pilanesberg, Etoscha, Moremi, Chobe, Hwange, Mana Pools, Kafue, Südluangwa, Upemba, Tsavo, Serengeti, Masai Mara, Nairobi, Amboseli.

Pangolin oder Schuppentier *Manis temminckii L 70 cm-1,0 m*

P Meakin

P Meakin

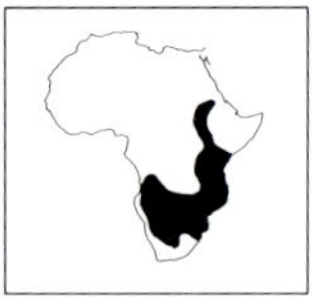

Er zählt zu den zwei Arten der Steppenschuppentiere Afrikas und hat charakteristische, *große, braune Schuppen,* die Rücken, Seiten und Schwanz bedecken, ist daher unverkennbar. Der *winzige Kopf verjüngt sich nach vorn,* und die kräftig ausgebildeten Hinterbeine und der Schwanz gestatten ihm, die Vorderbeine beim Laufen vom Boden abzuheben. Obwohl er in vielen Habitaten vorkommt, ist er in Wäldern und Heißwüsten nicht anzutreffen. Das Verbreitungsgebiet seiner Nahrung, nämlich gewisse Spezies Ameisen und Termiten, bestimmt wahrscheinlich größtenteils seine eigene Verbreitung. Bei Gefahr *rollt sich der Pangolin fest zusammen,* so daß die starken Schuppen die empfindliche Bauchseite schützen. Er ruht im dichten Laub oder in einem Bau. Das vorwiegend nachtaktive Tier nimmt man gelegentlich auch tagsüber wahr. Ein einzelnes Junges wird im Winter geboren.

Wildschutzgebiete: Krügerpark, Kalahari-Gemsbock, Etoscha, Chobe, Hwange, Mana Pools, Serengeti, Marsabit, Masai Mara.

HASEN UND KANINCHEN *Ordnung Lagomorpha*

Die Merkmale dieser Säuger sind die kräftig ausgebildeten Hintergliedmaßen und langen Ohren, die besonders bei Hasen auffallen. In diesem Gebiet kommen ca. acht Spezies vor.

Buschmannhase *Bunolagus monticularis L 52 cm*

A Duthie

Er zählt zu den seltensten Säugern Afrikas und kommt nur in einem beschränkten Gebiet in den Ebenen der Karru vor. Er ähnelt dem Rothasen, doch sind die Löffel länger und die Hinterläufe kräftiger. Die Oberseite ist graumeliert, am Ohrenansatz bemerkt man einen rotbraunen Fleck. *Zu beiden Seiten des Unterkiefers erstreckt sich ein dunkelbraunes Band bis zum Ohrenansatz.* Der kurze, flauschige Schwanz ist einheitlich graubraun. Dieser seltene Hase lebt nur im Ufergestrüpp.

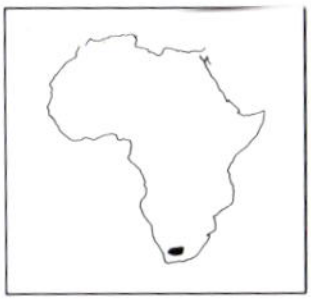

Wildschutzgebiete: Karru

Smith-Rothase *Pronolagus rupestris L 54 cm*

Zwischen den drei Spezies der Rothasen, die in diesem Gebiet vorkommen, besteht äußerlich große Ähnlichkeit. Diese Art hat ein feines, rotbraunes und graumeliertes Haarkleid, *Steiß und Hinterläufe sind rötlich.* Der *Schwanz ist gewöhnlich rotbraun mit schwarzer Spitze.* Sie leben in felsigem Gelände und sind überwiegend nachtaktiv, obwohl sie sich auch sonnen. Verschiedenartige Pflanzen dienen ihnen zur Nahrung, doch sind sie vor allem Grasfresser. Die Geburt der hilflosen Jungen (eins oder zwei) findet in einem mit den Bauchhaaren der Häsin ausgelegten Nest statt.

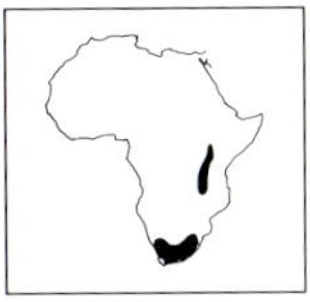

Wildschutzgebiete: Karru, Bergzebra, Willem-Pretorius, Ngorongoro, Serengeti.

Strauchhase *Lepus saxatilis L 60 cm*

G Cubitt

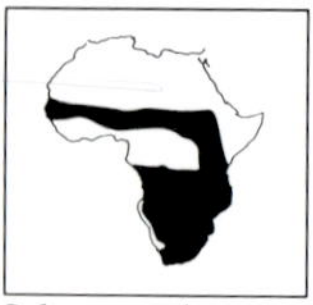

In der Natur schwer vom Kaphasen zu unterscheiden, doch der Strauchhase ist, auch wenn regionale Unterschiede bestehen, in den meisten Gebieten größer. Die größten Tiere kommen im extremen Südwesten vor. Ihre *Löffel sind besonders lang* und die Hinterläufe gut ausgebildet. Beide Arten haben einen kurzen, flauschigen Schwanz, der oben schwarz, unten weiß ist. Das weiche Fell an der Oberseite ist graubraun bis grauschwarzgefleckt, die Bauchseite ist weiß. *Er trägt gewöhnlich einen weißen Stirnfleck.* Diese Spezies kommt in *offenem, mit Gestrüpp bestandenem Waldland,* doch auch oft auf Feldern vor. Obwohl er überwiegend einzeln lebt, bilden sich lose Verbände, wenn sich infolge günstiger Futterverhältnisse der Bestand verdichtet. Er ist fast ausschließlich nachtaktiv und ernährt sich von Gräsern, doch auch anderer Vegetation. Die Geburt der weit entwickelten Jungen (eins bis drei) ist an keine Jahreszeit gebunden.
Wildschutzgebiete: Buntbockpark, Bergzebra, Willem-Pretorius, Hluhluwe/Umfolozi, Krügerpark, Pilanesberg, Kalahari-Gemsbock, Etoscha, Moremi, Chobe, Hwange, Mana Pools, Kafue, Südluangwa, Tsavo, Ngorongoro, Serengeti, Virunga, Masai Mara, Nairobi.

Kaphase *Lepus capensis* *L 52 cm*

Er wiegt nur bis 2 kg und entspricht im Aussehen der Gruppe *Lepus*. Seine Färbung ist grauweiß bis mittelbraun, im letzteren Fall bemerkt man *einen rötlichen Ton an der Körperseite*. Die Brust ist heller als die Oberseite, der Bauch weiß. Diese Spezies bevorzugt offenes Gelände mit Grasfluren und vermeidet dichtes Gestrüpp. Der Kaphase beginnt meistens nach Sonnenuntergang zu fressen und frißt an kühlen Tagen auch bis in die Morgendämmerung. Seine Nahrung besteht vor allem aus Gräsern, doch frißt er auch an Büschen und Sträuchern. Er ist vorwiegend nachtaktiv, jedoch auch in der Dämmerung zu sehen. Tagsüber ruht er in einer flachen Mulde (Sasse) zwischen Grasbüscheln oder unter einem Busch. Obwohl die Spezies einzeln lebt, zieht es oft mehrere Rammler in die Nähe einer paarungsbereiten Häsin. Die Geburt der Jungen (eins bis drei) ist an keine Jahreszeit gebunden.

Wildschutzgebiete: Karru, Willem-Pretorius, Krügerpark, Kalahari-Gemsbock, Namib-Naukluft, Upemba, Tsavo, Serengeti, Masai Mara.

Klippschliefer (Dassie) *Procavia capensis L 54 cm*

Junge beim Säugen

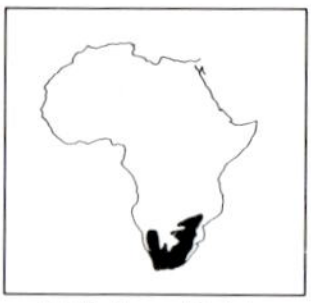

Von den acht Arten des Schliefers in dem behandelten Gebiet sind fünf Felsbewohner und drei Baumbewohner. Der Klippschliefer ist klein (2,5-4,6 kg), stämmig, *ohne sichtbaren Schwanz* und hat kurze, runde Ohren. In bezug auf die Färbung bestehen große Unterschiede, selbst innerhalb einer einzigen Kolonie, die Palette reicht vom gelblichen Rehbraun bis zum Dunkelbraun. Ein *erektiles Haarbüschel* mitten auf dem Rücken, das bei dieser Art schwarz ist, spielt bei der Bestimmung eine wesentliche Rolle. Der Klippschliefer beansprucht felsiges Gelände, u.a. Gebirge, Inselberge und Klippen. In Gebieten, wo der Bestand besonders dicht ist, breiten sie sich auch in das benachbarte Tiefland aus, um sich in Gräben oder im Unterholz anzusiedeln. Obwohl sie hauptsächlich tagaktiv sind, begeben sie sich auch in warmen Mondnächten auf die Futtersuche. Sie leben in kleinen Verbänden gesellig, die sich wiederum in unmittelbarer Nähe anderer Kolonien befinden. Die Dichte des Bestands ist von der vorhandenen Nahrung und der Deckung abhängig. Innerhalb der Verbände gilt eine ausgesprochene Rangordnung, an deren Spitze ein weibliches und ein männliches Leittier steht. Klippschliefer ernähren sich von verschiedenartiger Vegetation. Die weit entwickelten Jungen sind früh selbständig. Einem Wurf können vier Junge entstammen, doch sind zwei oder drei üblich.

Wildschutzgebiete: Kap der Guten Hoffnung, Buntbock, Karru, Bergzebra, Giant's-Castle, Willem-Pretorius, Krügerpark, Pilanesberg.

Anmerkung: Andere Spezies kommen in Ost- und Zentralafrika vor. Obwohl der Klippschliefer manchmal als Klipphase bezeichnet wird, ist er weder mit Hasen noch mit Kaninchen verwandt.

NAGETIERE *ORDNUNG RODENTIA*

Eine große und vielfältige Ordnung der Säuger, die in Afrika zahlreich vertreten ist. Nager sind die einzigen Säuger mit starken, auffallenden Schneidezähnen

Stachelschwein *Hystrix africaeaustralis L 86 cm*

In diesem Areal kommen zwei verwandte Spezies vor. Das Stachelschwein, der größte afrikanische Nager (bis 24 kg), kann mit keiner anderen Art verwechselt werden. *Die Oberseite bedecken lange, schwarzweißgestreifte Stacheln, und ein Kamm langer Borsten* erstreckt sich vom Scheitel bis zu den Schultern. Bei Gefahr sträubt es Stacheln und Borsten. Es kommt in den meisten Habitaten vor, bevorzugt aber zerklüftetes Gelände. Das nachtaktive Tier ruht tagsüber im eigenen Bau, in Höhlen oder im Geröll. Zwar begibt es sich hauptsächlich einzeln auf Nahrungssuche, doch sind auch Pärchen und Familienverbände häufig. Abgelegte Stacheln und flache, ausgegrabene Mulden bezeichnen die von ihnen regelmäßig gebrauchten Pfade. Ihre Nahrung ist vegetarisch und schließt Knollen, Zwiebeln und Borke ein. Die weit entwickelten Jungen (eins bis zwei) kommen vor allem im Sommer zur Welt.

Wildschutzgebiete: Fast alle.

Springhase *Pedetes capensis L 80 cm*

G Cubitt

Trotz seines Namens handelt es sich um einen echten Nager, nicht um einen Hasen. Er erinnert an das *Känguruh,* hat lange, *kräftige Hinterläufe* und winzige Vorderbeine, die ihm nur zum Graben dienen. Er springt auf den Hinterläufen umher, von deren vier Zehen drei gut ausgebildet und mit langen Krallen versehen sind. *Der Schwanz ist lang, buschig* und hat eine schwarze Spitze. Die langen, spitzen Ohren können zurückgefaltet werden, so daß weder Sand noch Staub in den Gehörgang dringt, auch die Nase kann aus diesem Grund verschlossen werden. An der Oberseite ist das weiche Haarkleid rötlich rehfarben bis gelb, die Bauchseite ist heller. Springhasen bevorzugen offene Grasfluren mit spärlichem Gestrüpp und festem, sandigem Boden. Sie sind ausschließlich nachtaktiv und leben in losen Verbänden im selbstgegrabenen Bau. Sie ernähren sich vor allem von Gräsern und Wurzeln und entfernen sich dabei nie weit von ihrem Bau. In manchen Gebieten verursachen sie auf Feldern und Weiden Schaden. Viele schätzen sie als Wildbret: in Botswana erlegt man zu diesem Zweck jährlich mehr als zwei Millionen. Ein einzelnes, weit entwickeltes Junges (300 g) wird zu irgendeiner Jahreszeit geboren und wagt sich erst nach sechs Wochen erstmals aus dem Bau.

Wildschutzgebiete: Bergzebra, Krügerpark, Pilanesberg, Kalahari-Gemsbock, Etoscha, Chobe, Hwange, Kafue, Serengeti, Masai Mara, Amboseli.

Kap-Strandgräber *Bathyergus suillus L 32 cm*

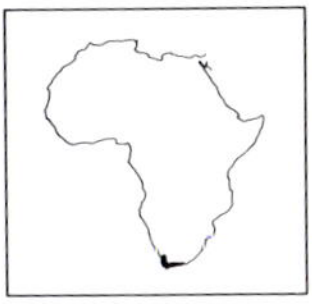

Es ist der *größte Sandmull* des Gebiets und wiegt bis 750 g. Der Kap-Strandgräber hat ein besonders weiches, kurzes Haarkleid, einen kurzen dorsoventral abgeflachten Schwanz, einen großen, runden Kopf mit *schweineartigem Rüssel* und hervorstehenden Nagezähnen. Die *Öffnungen für Augen und Ohren sind winzig*. Die Färbung variiert an der Oberseite zwischen Zimtfarben und hellem Rehbraun, die Bauchseite ist heller. Diese Spezies kommt nur in lockeren, sandigen Böden vor. Große Erdhaufen an der Oberfläche verraten ihr ausgedehntes Höhlensystem., das mehrere Tiere teilen. Sie ernähren sich von Wurzeln, Knollen und Zwiebeln.
Wildschutzgebiete: Kap der Guten Hoffnung.

Kap-Bleßmull *Georychus capensis L 20 cm*

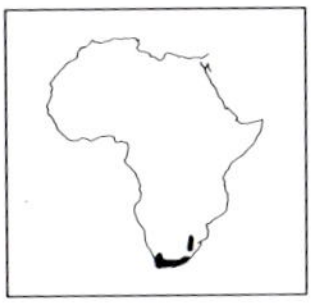

Obwohl sie den anderen Mullen ähnlich ist, kann diese Spezies durch die auffallende *Schwarzweißzeichnung am Kopf* bestimmt werden. Der Kap-Bleßmull wiegt durchschnittlich 180 g, man fand jedoch auch schon 360 g schwere Exemplare. Er lebt in lockeren Böden, und sein Verhalten entspricht vermutlich dem anderer Mulle.

Erdhörnchen *Xerus inauris L 45 cm*

Von den vier, in diesem Areal vorkommenden Spezies der Erdhörnchen ist diese im Süden am häufigsten und am weitesten verbreitet. Das Erdhörnchen ist ein am Boden lebendes, grabendes Nagetier, das ca 650 g wiegt. Der buschige Schwanz entspricht etwa der Hälfte sei-ner Gesamtlänge. An der Ober-seite ist das Haarkleid *zimtfarben, ein einzelner, weißer Streifen* erstreckt sich an beiden Körper-seiten von der Schulter bis zum Oberschenkel. Die Bauchseite ist heller. Fünf bis 30 Tiere leben gesellig in ausgedehnten Kolo-nien, die sie selbst graben, ernähren sich von verschiedenartigen Pflanzen, fressen aber gelegentlich auch Termiten. Die Jungen (eins bis drei) wiegen bei der Geburt 20 g und verlassen den Bau erst nach ca. sechs Wochen.

Wildschutzgebiete: Willem-Pretorius, Kalahari-Gemsbock, Namib-Naukluft, Etoscha.

Anmerkung: Drei Spezies der Erdhörnchen mit hellen Längsstreifen kommen in dem Gebiet vor und zeigen in bezug auf Erscheinung und Verhalten große Ähnlichkeit. Abgesehen von der oben besprochenen Spezies gibt es das Kaokoveld-Erdhörnchen *(Xerus princeps)*, bloß in Westnamibia und Südwestangola; das West-Erdhörnchen *(X.erythropus)*, in Westkenia und Uganda. Eine ähnliche Spezies ohne Längsstreifen, ist das Ostafrikanische Erdhörnchen *(X. rutilus)*, überall in Kenia, Uganda und Nordosttansania .

Baumhörnchen *Paraxerus cepapi* L 35 cm

Baumhörnchen sind in diesem Gebiet Afrikas mit ca. 18 Arten vertreten. Diese Spezies gehört zu den häufigsten sowie am weitesten verbreiteten und hält sich oft in menschlicher Nähe auf. Das Baumhörnchen ist klein (180 g) und variiert in der Färbung von hellem Graubraun bis Gelbbraun, die Bauchseite ist von hellem Rehbraun bis Weiß. Obwohl es in Waldland vorkommt, lebt es nie in echten Wäldern. Mehrere Tiere leben gesellig in losen Verbänden, das ausgewachsene Männchen verteidigt aggressiv sein Revier. Sein *lärmendes, schrilles Kreischen wird vom Hin- und Herschnellen des Schwanzes* begleitet. Es ernährt sich von Pflanzen, auch Insekten.
Wildschutzgebiete: Krügerpark, Etoscha, Moremi, Chobe, Hwange, Mana Pools, Kafue, Süduangwa, Upemba, Gombe Stream.

Brillenbilch *Graphiurus ocularis* L 25 cm

Von den fünf Spezies der Bilche dieses Gebiets ist der Brillenbilch einer der größten (80 g) und hübschesten. Er hat einen buschigen, *hörnchenartigen Schwanz*, ein silbergraues Fell mit hellerer Bauchseite. Besonders die *schwarzweiße Gesichtszeichnung* fällt auf. Er lebt v.a. in felsigem Gelände, doch auch an Bäumen und Gebäuden. Er ist ein nachtaktives, emsiges Tier, das vermutlich in der kalten Jahreszeit Winterschlaf hält und ist Pflanzen- und Fleischfresser.
Wildschutzgebiete: Keine

Haarsohlenrennmaus *Gerbillurus paeba L 20 cm*

Von den Haarsohlenrennmäusen im Süden ist diese am weitesten verbreitet. Sie ist klein (25 g) und an ihrer Gesamtlänge ist der Schwanz mehr als zur Hälfte beteiligt. Wie ihr Name besagt, hat sie haarige Fußsohlen. An der Oberseite ist sie graurot bis rötlichbraun, die Bauchseite ist immer weiß. Sie kommt in verschiedenartigen Arealen vor, doch ist sandiger Boden eine Voraussetzung. Das Tierchen ernährt sich v.a. von Samen, doch auch von Insekten. Der Wurf besteht aus zwei bis fünf Jungen.
Wildschutzgebiete: Buntbock, Karru, Addo-Elefanten, Kalahari-Gemsbock, Namib-Naukluft, Etoscha, Chobe.

Kap-Nacktsohlenrennmaus *Tatera afra L 30 cm*

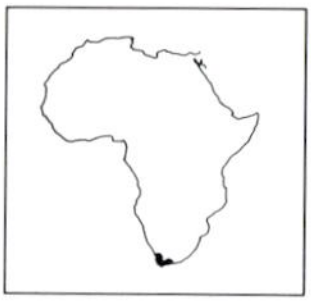

Die Rennmäuse der Gruppe sind groß, und diese Spezies wiegt ca. 100 g. Sie hat ziemlich langes, wolliges Haar, gewöhnlich von hellem Rehbraun, das *oben mit Braun durchsetzt* ist, die Bauchseite ist hell bis weiß. *Hinterbeine und Füße sind gut ausgebildet,* die Ohren groß und rund. Sie ist auf sandiges Gelände beschränkt, wo sie ihren eigenen Bau gräbt und in Kolonien lebt. Ihre Nahrung besteht vorwiegend aus Grassaat.
Wildschutzgebiete: Kap der Guten Hoffnung, Buntbock.

Busch-Nacktsohlenrennmaus *Tatera leucogaster L 28 cm*

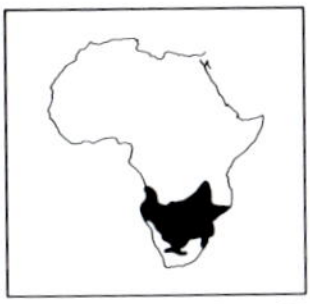

Die Färbung der Oberseite variiert von *Gelbbraun bis Rotbraun,* sonst entspricht sie der vorigen Spezies. An der Schwanzoberseite bemerkt man einen auffallenden, dunklen Streifen. Sandiger Boden ist für sie erforderlich, sonst ist sie an kein besonderes Habitat gebunden. Sie lebt gesellig in Kolonien in losen Verbänden. Der Wurf besteht aus ca. fünf Jungen.
Wildschutzgebiete: Krügerpark, Pilanesberg, Kalahari-Gemsbock, Etoscha, Moremi, Chobe, Hwange, Mana Pools.

Kurzschwanz-Rennmaus *Desmodillus auricularis L 20 cm*

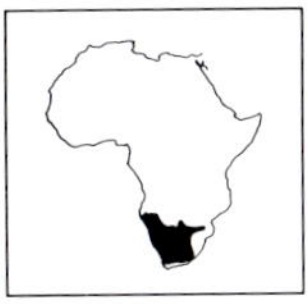

Die Kurzschwanz-Rennmaus ist die einzige Rennmaus, deren Schwanz kürzer (9 cm) als der Körper ist. *Sie wirkt gedrungen und hamsterartig.* Die Oberseite ist graubraun bis rotbraun, die Bauchseite weiß. *Am Ohrenansatz bemerkt man einen auffallenden, weißen Fleck.* Diese Spezies bevorzugt harte Böden mit kurzer Vegetation. Im Gegensatz zu den übrigen Rennmäusen lebt sie nicht in Kolonien. Die Geburt eines bis sieben Jungen ist von der Jahreszeit unabhängig.
Wildschutzgebiete: Karru, Bergzebra, Kalahari-Gemsbock, Namib-Naukluft, Etoscha.

Hausratte *Rattus rattus L 37 cm*

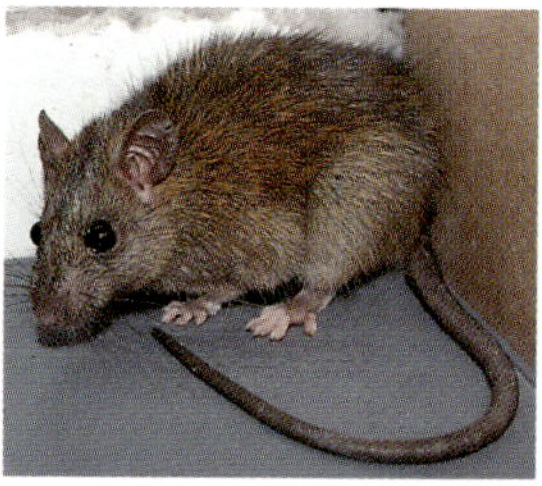

J Carlyon

Diese große Ratte wurde eingeführt und kommt oft *in der Nähe menschlicher Behausung* vor. Wenn sie in Gebäuden lebt, hält sie sich an feste Wege, auf die man durch die an Ecken und schmalen Spalten hinterlassenen Fettflecken aufmerksam wird. Die Hausratte hat als typische Ratte einen langen (20 cm), schweren, auffallend geschuppten Schwanz. Die Füße sind groß, wie auch die dünnen, abgerundeten Ohren. Die Färbung ist graubraun bis schwarz, die Unterseite grau bis weiß. Dieser widerstandsfähige Nager kann gut graben, schwimmen und klettern. Die Hausratte ist Allesfresser und gilt als einer der weltweit gefürchtetsten Schädlinge.

Wildschutzgebiete: Unbekannt.

Sumpf-Lamellenzahnratte *Otomys irroratus L 24 cm*

Die Gattung Lamellenzahnratten umfaßt ca. 14 Spezies, zwischen allen besteht große Ähnlichkeit. Sie sind *gedrungen, stämmig, haben einen kurzen Schwanz* (9cm), eine stumpfe Schnauze und runde Ohren. Die einheitliche Färbung ist unterschiedlich, meistens von ganz dunklem Schiefergrau mit einem Stich ins Braune, während die Bauchseite heller ist. Diese Spezies lebt in feuchten, sumpfigen Gebieten, kommt gelegentlich an grasbestandenen Hängen vor. Sie ist vorwiegend tagaktiv und verrät ihre Anwesenheit durch Pfade, abgeschnittene Gräser, Schilf sowie zylinderförmigen Kötel.

Wildschutzgeb.: Kap der Guten Hoffnung, Buntbock, Karru, Bergzebra, Addo, Giant's-Castle, Willem-Pretorius, Hluhluwe/Umfolozi.

Riesenhamsterratte *Cricetomys gambianus L 80 cm*

Dieses große (1-3 kg) "rattenartige" Nagetier hat einen *auffallenden, langen Schwanz, der von der Mitte bis zur Spitze weiß* ist. Die Oberseite ist grau bis graubraun, die Bauchseite heller. Ein dunkler Ring umgibt die Augen, die Ohren sind lang, rund und dünn. Obwohl die Spezies in Forsten und Waldland lebt, kommt sie manchmal in Städten vor. Sie ist vorwiegend nachtaktiv, kann auch tagaktiv sein. Diese Hamsterratte gräbt zwar einen Bau, ruht aber an vielen verschiedenen Plätzen. Trotz ihrer Größe ist sie friedlich und harmlos. Sie ernährt sich v.a. von Früchten, Samen und Wurzeln.
Wildschutzgebiete: Ndumo, Mana Pools.

Felsenratte *Petromus typicus L 30 cm*

Dieser *hörnchenartige* Nager hat einen behaarten, keinen buschigen Schwanz und kurze, runde Ohren. Die Oberseite ist graubraunmeliert, das Hinterteil von einheitlicherem Braun, die Bauchseite heller. Sie ist auf felsiges Gelände im ariden Westen beschränkt, wo man sie morgens beim Sonnenbad sieht. Sie lebt v.a. paarweise oder in Familienverbänden, die nachts in Felsspalten ruhen. Obwohl sie grüne Pflanzen bevorzugt, frißt sie auch Samen, Blüten und Zweige.
Wildschutzgebiete: Namib-Naukluft.

Brants-Klettermaus *Dendromus mesomelas* *L 17 cm*

Die kleine (14 g) Maus zählt zu den sechs Spezies der Klettermäuse in diesem Gebiet,deren besondere Merkmale der *ausgesprochen lange (10 cm) Schwanz und der dunkle, unregelmäßige Aalstrich sind.* Die Oberseite ist rötlich bis kastanienbraun, die Bauchseite weiß. Alle leben in Gebieten mit hohen Gräsern, Riedbeständen oder dichter Vegetation, wo sie ihre Kletterkünste mit Hilfe des Greifvermögens ihres Schwanzes und festgeklammerter Zehen unter Beweis stellen. Sie ernähren sich vorwiegend von Samen und Insekten. Wie andere Klettermäuse legen sie im oder über dem Boden ein kleines, ballförmiges Nest aus feinen Gräsern an. Angeblich verwenden sie auch die Nester der Weber oder unter Felsen verborgene Höhlen. Im Sommer kommen zwei bis acht hilflose Junge zur Welt.

Windschutzgebiete: Keine.

Kap-Stachelmaus *Acomys subspinosus L 17 cm*

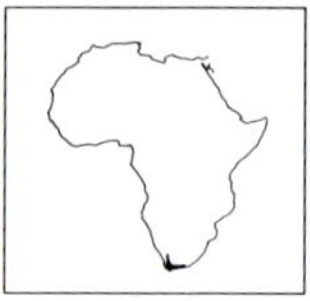

Vier Spezies der Stachelmäuse kommen in diesem Gebiet vor, alle haben *stacheliges Rückenhaar*. Ihre Gestalt ist typisch mäuseartig, die Oberseite gewöhnlich von dunklem Graubraun, die Bauchseite weiß. Diese Spezies ist an felsiges Gelände gebunden und überwiegend nachtaktiv. Sie ernährt sich von Samen, grünem Pflanzenmaterial, Insekten. Im Sommer werden zwei bis fünf Junge geboren.
Wildschutzgebiete: Kap der Guten Hoffnung.

Kurzschwanz-Hamstermaus *Saccostomus campestris L 15 cm*

Mit ihrem runden, dicken Körper erinnert diese Spezies *an den Hamster*. Das weiche, seidige Fell ist grau bis graubraun, die Bauchseite und untere Gesichtshälfte weiß. Der kurze Schwanz entspricht ungefähr nur einem Drittel der Gesamtlänge. Ein besonderes Merkmal dieser Maus ist die Fähigkeit, Nahrung in großen Mengen in den Backentaschen zu speichern. Sie gräbt zwar einen eigenen Bau, bedient sich aber auch einer Vielzahl anderer Verstecke. Sie ernährt sich vor allem von Samen und kleinen Früchten, frißt aber auch Insekten. Bis 10 weit entwickelte Junge können während der feuchten Sommermonate geboren werden.
Wildschutzgebiete: Bergzebra, Krügerpark, Kalahari-Gemsbock, Etoscha, Chobe, Hwange, Mana Pools.

Fettmaus *Steatomys pratensis L 13 cm*

Zwischen allen Fettmäusen besteht große Ähnlichkeit, daher sind sie in der Natur schwer zu unterscheiden. Wie ihre Vettern hat diese Spezies einen kurzen Schwanz (5 cm), der hier oben dunkler als unten ist. Die Oberseite ist rostbraun und glänzend, die Bauchseite weiß. Da sie den eigenen Bau anlegt, bevorzugt sie sandigen Boden. Die Spezies verdankt ihren Namen der Fähigkeit, im Körper Fett zu speichern, um ihr somit über einen längeren Nahrungsmangel hinwegzuhelfen. Sie ernährt sich vorwiegend von Samen. Die Größe des im Sommer geborenen Wurfs schwankt zwischen einem und neun Jungen.

Wildschutzgebiete: Mkuzi, Krügerpark, Etoscha, Moremi, Chobe, Hwange, Mana Pools.

Namaqua-Felsenmaus *Aethomys namaquensis L 26 cm*

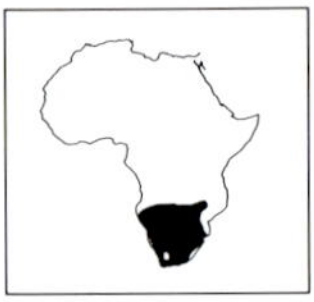

Eine weitere, typisch mäuseartige Spezies, deren Schwanzlänge mehr als die Hälfte der Gesamtlänge beträgt. Die Färbung ist unterschiedlich, meistens jedoch rotbraun bis gelbbraun, die Bauchseite ist grauweiß bis weiß. Sie verfügt über keine. besondere Zeichnung. Wie der Name besagt, ist sie an *felsiges Gelände* gebunden, wo sie in kleinen Kolonien in Felsspalten lebt. Vor dem Nesteingang liegt oft aufgehäuftes, trocknes Gras oder anderer pflanzlicher Abfall. Die Jungen werden im Sommer geworfen.
Wildschutzgebiete: Fast alle im Süden.

Streifengrasmaus *Rhabdomys pumilio L 20 cm*

Diese *tagaktive,* auffallend gezeichnete Maus kann man in manchen Gebieten leicht beobachten. Die einheitliche Färbung variiert von Grauweiß bis zum dunklen Rotbraun, sie unterscheidet sich von anderen Spezies durch die *vier Längsstreifen am Rücken.* An der Unterseite bemerkt man schmutziges, gebrochenes Weiß bis helles Graubraun. Die Ohren sind außen *rot- bis gelbbraun.* Sie gedeiht in verschiedenartigen, grasbestandenen Habitaten.
Wildschutzgebiete: Kap der Guten Hoffnung, Buntbock, Karru, Bergzebra, Addo-Elefanten, Giant's-Castle, Willem-Pretorius, Pilanesberg, Kalahari-Gemsbock, Namib-Naukluft, Etoscha.

Zwergmaus *Mus minutoides L 10 cm*

In dem Areal sind ca. 10 Spezies der Zwergmäuse bekannt und allen ist die typische, mäuseartige Erscheinung gemeinsam. Diese Maus ist *winzig* (6 g), der Schwanz ist kürzer als Kopf und Körper zusammen. Die Bauchseite ist immer weiß, doch die Palette der Oberseite reicht von Grau- bis Rotbraun. Hände und Füße sind oben gebrochen weiß. Ihre verschiedenartigen Habitate schließen aride Gebiete aus. Die nachtaktive Zwergmaus ernährt sich vorwiegend von Samen. Sie lebt

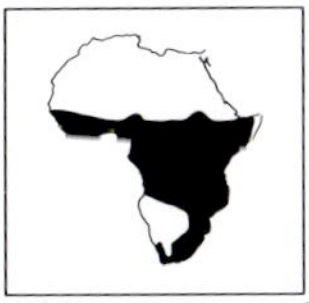

auch nicht in Kolonien, sondern einzeln oder in Familienverbänden. Nach einer Tragzeit von nur 19 Tagen wirft das Weibchen im Sommer bis sieben Junge.

Wildschutzgebiete: Kap der Guten Hoffnung, Buntbock, Bergzebra, Addo-Elefanten, Giant's-Castle, Willem-Pretorius, Hluhluwe/Umfolozi, Mkuzi, Krügerpark, Mana Pools.

Verreaux-Maus *Mastomys verreauxii L 25 cm*

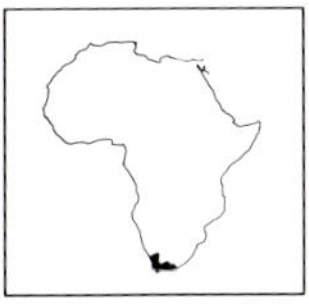

Die "typische" Maus gehört zu einem Artenkomplex, den selbst der Kenner schwer zu bestimmen vermag. Hier ist der Schwanz etwas länger als Kopf und Rumpf gemeinsam. Die Oberseite ist einheitlich grau bis graubraun, die Bauchseite heller, Hände und Füße sind oben weiß.. Ein *dunkler Ring umgibt die Augen.* Sie kommt in feuchten, ziemlich dichtbewachsenen Gebieten vor, lebt auch in und an Gebäuden. Sie ernährt sich von Samen, Früchten und Insekten.

Wildschutzgebiete: Kap der Guten Hoffnung, Buntbock.

ELEFANTENSPITZMÄUSE (RÜSSELSPRINGER) Familie Macroscelididae *L 21-50 cm*

In diesem Gebiet kommen vierzehn Spezies der Elefantenspitzmäuse vor, von denen einige an felsiges Gelände, manche an Forsten und Waldland, andere an mit Gebüsch bestandene Ebenen gebunden sind. Zwischen allen besteht eine starke Ähnlichkeit, und sie verdanken ihren Namen der rüsselartigen, ständig zuckenden Nase. Sie haben große Ohrmuscheln und hervorstehende Augen, die bei den meisten Spezies von einem weißen Haarring umgeben sind. Das weiche Haarkleid ist meistens an der Oberseite grau oder grau- bis rotbraun, (Ausnahme: das weißrehbraune Rüsselhündchen und Goldsteiß-Rüsselhündchen). Die Hinterbeine und Füße sind viel kräftiger ausgebildet als die Vordergliedmaßen. Rüsselspringer sind vorwiegend tagaktive Bodenbewohner und leben einzeln. Alle Spezies sind Insektenfresser, v.a. Ameisen und Termiten. Bei der Geburt sind die Jungen weit entwickelt.

Smith-Felsenelefantenspitzmaus *Elephantulus rupestris L 28 cm*

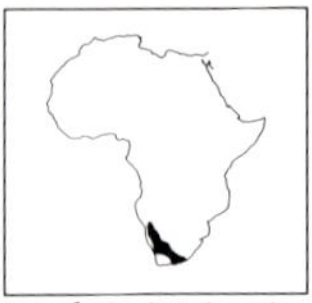

Die Oberseite ist strohfarben oder rotbraun bis braun, doch auffallend *schwarzgestrichelt*. An der Ohrwurzel wächst *rötlichgelbes Haar*, das sich bis zum Nacken ausbreitet. Die Bauchseite ist grauweiß, *schmale, weiße Ringe umgeben die Augen*. Wie der Name verrät, lebt diese Spezies in *felsigem Gelände*. Obwohl sie überwiegend tagaktiv ist, ist sie auch in warmen Mondnächten tätig. Sie erhascht aus dem Schatten heraus Insekten, größere Beute trägt sie in ihr Versteck. Diese Elefantenspitzmaus sieht man oft an den Kothaufen der Klippschliefer auf der Suche nach Insekten, u.a. Fliegen. Wie ihre Vettern ist sie äußerst wachsam und flüchtet beim kleinsten Geräusch.

Wildschutzgebiete: Bergzebra, Etoscha.

Kurzohr-Rüsselspringer *Macroscelides proboscideus L 23 cm*

Die unterschiedliche Färbung dieser Spezies schließt helles, cremefarbenes Grau und Braungrau ein, sie verfügt jedoch über *keinen weißen Augenring*. Die vergleichsweise kürzeren Ohren sind oben abgerundet. Sie lebt in offenen *Kiesflächen* mit spärlichem Gestrüpp und lockerem Boden, in den sie ihr kurzes, flaches Loch baut. Diese Spezies ist vor allem in der

Dämmerung und nachts aktiv, tagsüber kann man sie in der Nähe schützenden Gestrüpps beim Sonnenbad beobachten. Von ihrem Loch aus führen Pfade, die die Spuren ihrer hüpfenden Bewegung zeigen, in alle Himmelsrichtungen.
Wildschutzgebiete: Karru, Bergzebra, Kalahari-Gemsbock, Namib-Naukluft.

Goldsteiß-Rüsselhündchen *Rhynchocyon chrysopygus L 50 cm*

R Wirth

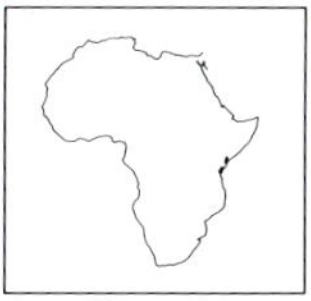

Dieses große (550 g) Rüsselhündchen ist oben von kräftigem Gelbbraun und hat einen auffallenden *goldgelben Steiß*, lange Beine und eine rüsselartige Nase. *Füße, Beine, Ohren und auch größtenteils der Schwanz sind schwarz*. Das letzte Drittel der Schwanzoberseite ist weiß, die Spitze schwarz. Ein kurzer Kamm erstreckt sich von den Ohren bis zur Schulter. Es lebt in feuchtem, dichtem Küstengestrüpp, Forsten und Waldland. Männchen und Weibchen leben einehig in bemachbarten Wohngebieten. Pärchen verteidigen ihr Revier, wobei Männchen es mit Männchen, Weibchen mit Weibchen aufnehmen. Sie ernähren sich u.a. von Heuschrecken, Käfern, Spinnen, Tausendfüßlern, Regenwürmern.
Wildschutzgebiete: Unbekannt.

SPITZMÄUSE Familie Soricidae *L 8-25 cm*

Das hier behandelte Gebiet beheimatet wahrscheinlich bis 100 Arten der Spitzmäuse, von denen die meisten zur Gattung *Crocidura* zählen, möglicherweise werden in Zukunft noch mehr Spezies bestimmt. Man unterscheidet mehrere Gruppen, doch für den Laien ist die Bestimmung der Spezies gewiß mit Schwierigkeiten verbunden. Alle Arten sind klein und mäuseartig, haben einen langen, kegelförmigen Kopf, winzige Augen und kleine Ohren. Bei den meisten Spezies ist der Schwanz kürzer als Kopf und Körper zusammen, die Beine sind kurz. Die Färbung ist überwiegend dunkel, das Haarkleid kurz und weich. In Anbetracht ihrer Größe (3,5-110 g) sind sie äußerst aggressiv, einige verteidigen heftig ihr Revier. Alle ernähren sich von Insekten, anderen Wirbellosen, gelegentlich von kleinen Eidechsen und Mäusen. Zwei bis sechs nackte, hilflose Junge werden v.a. in der warmen, feuchten Jahreszeit geboren.

Waldspitzmaus *Myosorex varius L 12 cm*

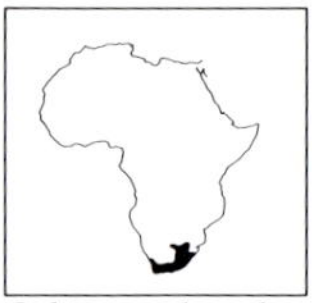

Alle Tiere dieser Gattung haben *kurzhaarige Schwänze*, da ihnen die *langen Borsten* der Zwerg- und der Wimperspitzmaus fehlen. An der Oberseite sind sie dunkelgrau bis fast schwarz, die Bauchseite ist hellgrau, oft spielt sie ins Braune. Die Füße sind oben grau. Diese Spitzmaus ist an feuchte, dichtbewachsene Gebiete gebunden, wo sie tag- und nachtaktiv ist. Emsig gräbt sie ein flaches Loch und baut weiche Grasnester mit einem oder mehreren Eingängen. Der Bestand an Waldspitzmäusen, die in manchen Gegenden die Pfade der Streifengrasmaus teilen, kann in geeigneten Habitaten äußerst dicht sein.

Wildschutzgebiete: Kap der Guten Hoffnung, Buntbock, Karru, Bergzebra, Addo-Elefanten, Giant's-Castle, Willem-Pretorius, Hluhluwe/Umfolozi, Mkuzi.

Rotgraue Wimperspitzmaus *Crocidura cyanea L 13 cm*

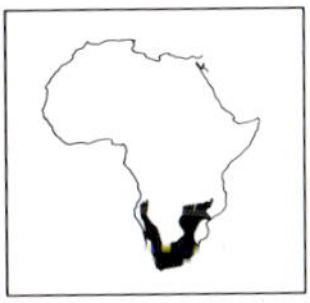

Diese kleine (8,5 g) Spitzmaus ist unterschiedlich gefärbt, meistens jedoch grau mit einem mehr oder weniger rotbraunen Schimmer. Das melierte Haarkleid ist unten heller. Von der Gruppe *Myosorex* unterscheidet sich diese Spezies durch *lange, fast die gesamte Schwanzlänge bedeckende, wimperartige Borsten.* Sie lebt in niederschlagsarmen und -reichen Gebieten.
Wildschutzgebiete: Kap der Guten Hoffnung, Buntbock, Karru, Bergzebra, Addo, Giant's-Castle, Willem-Pretorius, Hluhluwe/ Umfolozi, Mkuzi, Krügerpark, Pilanesberg, Chobe, Hwange, Mana Pools.
Anmerkung: Auch in Zentral- und Ostafrika weit verbreitet.

Zwergspitzmaus *Suncus varilla L 9 cm*

Diese winzige (6,5 g) Spitzmaus ist oben graubraun und hat eine *scharf umrissene* Bauchseite von hellem Silberbraun. Füße und Hände sind oben weiß, die *gesamte Schwanzlänge ist mit langen, wimperartigen Borsten bedeckt.* Sie kommt in vielfältigen Habitaten vor und wird oft auf Sandböden oder an Termitenhügeln gesehen.
Wildschutzgebiete: Bergzebra, Giant's-Castle, Willem-Pretorius.

GOLDMULLE Familie Chrysochloridae *L 7-23 cm*

Die 18 Spezies umfassende Familie der Goldmulle kommt nur auf dem afrikanischen Festland vor. Über diese kleinen Insektenfresser ist jedoch wenig bekannt, da sie *unterirdisch leben*. Alle Arten sind sich äußerlich sehr ähnlich: die meisten haben ein weiches, *seidiges Haarkleid*, während ihnen *Augen, Ohren und ein Schwanz zu fehlen scheinen*. Ein lederartiges Polster an der Schnauze und stark ausgebildete Vorderkrallen erleichtern das Graben. Sie bauen lange, verschlungene Tunnel, deren Rundung an der Oberfläche sichtbar ist, während einige Arten auch aufgelockerte Erde in Häufchen nach oben drücken. Alle bevorzugen sandigen oder lehmigen Boden, vermeiden aber meistens Tonerde. Sie ernähren sich von vielfältigen Insekten, Regenwürmern und kleinen, im Boden lebenden Reptilien. Die nackten, hilflosen Jungen (eins oder zwei) werden hauptsächlich in der Regenzeit geboren.

Hottentotten-Goldmull *Amblysomus hottentotus L 13 cm*

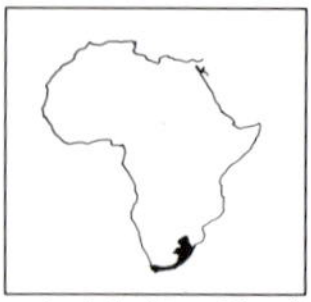

Er ist oben von kräftigem *dunklem Rotbraun*, das auffällig *kupferfarben schimmert* und meistens ins Purpurgrün geht. Der ähnlich gefärbten Bauchseite fehlt der kupferne Schimmer. Die Backen sind gewöhnlich gebrochen weiß bis gelbbraun. Mit den hinteren "Schwimmfüßen" drückt er das von der Schnauze und den stark entwickelten Vorderkrallen aufgelockerte Erdreich nach oben. Diese Spezies bevorzugt unbedingt niederschlagsreiche Grasfluren und kommt nicht in ariden Gebieten vor. Ihre Aktivität fällt besonders in warmen, feuchten Perioden auf, und zu dieser Zeit werden auch die 4,5 g schweren Jungen geboren. Sie sind vorwiegend Insektenfresser, nehmen aber gelegentlich auch Knollen zu sich. Im Gegensatz zu den Strandgräbern richten sie keinen Schaden auf Feldern an. **Wildschutzgebiete:** Kap der Guten Hoffnung, Addo-Elefanten, Giant's-Castle, Hluhluwe/Umfolozi.

Südafrikanischer Igel *Atelerix frontalis L 20 cm*

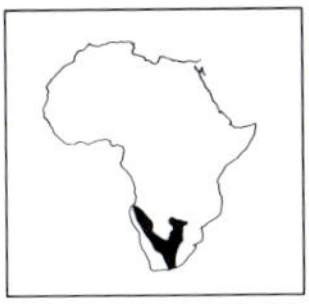

Von den zwei, in diesem Areal vorkommenden Spezies ist dieser kleine (400 g) Insektenfresser besonders leicht zu bestimmen. Die Oberseite bedecken *kurze, jedoch spitze, gebänderte Stacheln* und breiten sich von der Stirn bis zum Steiß aus. Dunkles Haar bedeckt das Gesicht, die Beine und den kurzen Schwanz, doch ein *auffallendes, weißes Band* zieht sich über die Stirn bis hinter die Ohren. Er lebt in verschiedenartigen Zonen, kommt aber weder in der Wüste noch in niederschlagsreichen Gebieten vor. Tagsüber ruht er in von anderen Spezies gegrabenen Bauen oder trockner Vegetation. Über den Winterschlaf dieser Art ist wenig bekannt, doch tritt wahrscheinlich zwischen Mai und Juli ein Ruhezustand ein, da er sich in den feuchten Sommermonaten, wenn genügend Nahrung vorhanden ist, am aktivsten zeigt. Er ernährt sich von vielfältigen Insekten, Regenwürmern, Eidechsen, Mäusen sowie Wildfrüchten, und bis auf die Zeit, wo die Jungen von der Mutter begleitet werden, lebt er einzeln. Bei der Geburt wiegen die Jungen nur 10 g, und erst im Alter von ungefähr sechs Wochen ist der Körper vollständig mit Stacheln bedeckt. Bei Gefahr rollt sich der Igel fest zusammen, so daß die gesträubten Stacheln die empfindliche Bauchseite und den Kopf schützen. Viele dieser hübschen Tierchen werden auf der Straße überfahren, illegal als Haustier gehalten oder enden in manchen Gegenden im Kochtopf. Obwohl ihre Stacheln auf die meisten Raubtiere abschreckend wirken, fallen sie häufig den langen Krallen und harten, schuppigen Fängen des Milchuhus zum Opfer.

Beim anderen Igel des Gebiets, *A. albiventris*, sind Kopf und Bauchseite weiß. Er lebt in der ostafrikanischen Savanne und in semiariden Gegenden, wo man ihn am häufigsten in sandigem Gelände wahrnimmt.

Wildschutzgebiete: Bergzebra, Willem-Pretorius, Etoscha, Hwange.

FLEDERMÄUSE Ordnung Chiroptera

Fledermäuse sind die einzigen, wirklich flugfähigen Säuger. Man unterscheidet zwei bedeutende Gruppen, nämlich früchtefressende Fledermäuse oder *Megachiroptera* und insektenfressende oder *Microchiroptera*, wobei die ersteren im allgemeinen wesentlich größer als die letzteren sind. In Süd-, Mittel- und Ostafrika kommen ungefähr 20 früchtefressende Spezies und über 100 insektenfressende Fledermäuse vor, doch sprechen alle Anzeichen dafür, daß bald eine Reihe neuer Spezies bestimmt werden kann.

Ägyptischer Flughund *Rousettus aegyptiacus FS 60 cm*

Flughunde haben *einen zugespitzten, hundeartigen Kopf* und *äußerst kurzen Schwanz.* Der Ägyptische Flughund ist oben dunkelbraun, an der Bauchseite graubraun und verfügt über keine besondere Zeichnung. Wie bei allen Flughunden sind die *Augen groß,* doch nur diese Art ist fähig, mit *Ultraschallwellen ein Raumbild* zu gewinnen, eine Gabe, die an der dunkelsten Stelle der *Höhlen,* die sie zum Schlafplatz wählen, besonders nützlich ist. Einige hundert bis mehrere tausend Tiere können sich an diesen Schlafplätzen zusammenfinden und einen gewaltigen Lärm verursachen. Diese Spezies bevorzugt bewaldete Gebiete oder Savanne und Galeriewälder, wo sie Nahrung im Überfluß findet. Sie ernährt sich von wilden und angebauten Früchten und gerät so mit Landwirten in Konflikt. Die früchtefressenden Fledermäuse spielen bei der Verbreitung der Baumsamen und der Bestäubung anderer Pflanzen eine entscheidende Rolle. Man errechnete, daß ein einziger Flughund in einer Nacht Tausende Samen verbreiten kann. Bei den Baobabs sind Flughunde die wichtigsten Vermittler der Bestäubung, die Bäume könnten also wahrscheinlich ohne sie aussterben und eine ganze Kette der Vernichtung einleiten. Während der ersten sechs Lebenswochen klammert sich das einzelne Junge an die Mutter, darauf läßt sie es am Schlafplatz zurück, bis es sich selbst ernähren kann.

Wildschutzgebiete: St.-Lucia-Komplex, Mkuzi, Krügerpark, Mana Pools.

Anmerkung: Auch im Norden weit verbreitet, doch Einzelheiten über die Dichte des Bestands in Schutzgebieten unbekannt.

Wahlberg-Epaulettenflughund *Epomophorus wahlbergi FS 50 cm*

Die Epaulettenflughunde, von denen es mehrere Spezies gibt, erkennt man an *weißen Flecken am Ohransatz* und den langen, weißen Drüsenhaarbüscheln auf den Schultern der Männchen. Das Haarkleid ist unterschiedlich, doch die Oberseite ist gewöhnlich gelblich- bis dunkelbraun, die Bauchseite heller. Im Gegensatz zur vorigen Spezies *schläft diese in Bäumen*, oft findet sich eine große Anzahl zusammen, der sich auch andere Epaulettenflughunde anschließen. Sie ist dort, wo geeignete Früchte gedeihen, hauptsächlich an

Wälder und Ufervegetation gebunden. Auf der Nahrungssuche sind viele Arten der Flughunde lokal oder über größere Abstände in ständiger Bewegung. Die meisten Jungen kommen im Sommer zur Welt.

Wildschutzgebiete: St.-Lucia-Komplex, Hluhluwe/Umfolozi, Mkuzi, Ndumo, Krügerpark.

Anmerkung: Viele im Norden, doch keine Einzelheiten bekannt.

Mauritius-Grabflatterer *Taphozous mauritianus FS 34 cm*

L R Wingate

Dieser Insektenfresser ist leicht zu bestimmen, denn er hat *große Augen* (bei insektenfressenden Fledermäusen ungewöhnlich), einen *eingehüllten Schwanz* und ist an der *Bauchseite schneeweiß*. Die Flughaut hüllt den Schwanz mehr als bis zur Hälfte ein, nur der Rest ist frei. Die Schwanzspitze erstreckt sich jedoch nicht bis zum Außenrand der Flughaut, und somit unterscheidet sich diese Spezies von den Freischwanzfledermäusen. Sie bewohnt die

Baumsavanne, wo man gewöhnlich Pärchen gewahrt, die häufig von Mauern und Baumstämmen herabhängen. Ihre Flugbewegung ist schnell, und sie jagen meistens nachts, obwohl man sie auch tagsüber bei der Nahrungssuche beobachtet. Ein einzelnes Junges wird im Sommer geboren.

Wildschutzgebiete: St.-Lucia-Komplex, Krügerpark, Hwange, Mana Pools.

Sundevall-Rundblattnase *Hipposideros caffer FS 20 cm*

L R Wingate

Eine kleine Blattnase mit einfachem Nasenaufsatz, der an die Hufeisennase erinnert. Die Färbung ist äußerst abwechslungsreich, gewöhnlich oben von dunklem Graubraun, unten etwas heller. Das Haarkleid ist lang und wollig. Sie bewohnt die Baumsavanne und findet ihren Schlafplatz an vielen verschiedenen Stellen, wo sich fünf oder mehrere hundert Tiere zusammenfinden können. Ein einzelnes Junges kommt im Sommer zur Welt.
Wildschutzgebiete: St.-Lucia-Komplex, Mkuzi, Krügerpark, Etoscha, Mana Pools.

Ägyptische Schlitznasenfledermaus *Nycteris thebaica FS 24 cm*

In diesem Areal kommen zehn Arten der Schlitznasenfledermäuse vor, zwischen denen große Ähnlichkeit besteht. Ein *langer, lappiger Schlitz* erstreckt sich in der Gesichtsmitte, und die *langen* (hier 3,4 cm) aufgestellten *Ohren* haben parallele Kanten. Die Oberseite ist meistens gelblichbraun, kann jedoch gräulichweiß bis rötlich sein, die Bauchseite ist heller. Diese Fledermaus kommt in verschiedenen Biotopen vor, auch in bezug auf ihren Schlafplatz, u.a. in Gebäuden, fällt die Vielfalt auf, und hier sammeln sich entweder nur einige Tiere oder mehrere hundert. Ihre Beute bringt sie an feste Futterplätze, die man am Abfall, wie Mottenflügeln und Heuschreckenbeinen erkennt.

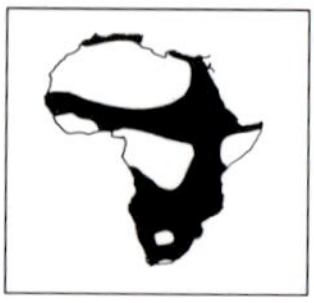

Wildschutzgebiete: Karru, Hluhluwe/Umfolozi, Mkuzi, Krügerpark, Pilanesberg, Kalahari-Gemsbock, Namib-Naukluft, Etoscha, Moremi, Chobe, Hwange, Mana Pools.

Geoffroy-Hufeisennase *Rhinolophus clivosus FS 32 cm*

Das im vorliegenden Text behandelte Areal beheimatet 14 bekannte Arten der Hufeisennase, zwischen denen äußerlich eine so starke Ähnlichkeit besteht, daß die Bestimmung der Spezies nur nach einer genauen Untersuchung möglich ist. Diese Fledermäuse verdanken ihren Namen dem *hufeisenförmigen Lappen ihres Nasenaufsatzes,* der auch aus einem vorspringenden Längskamm und einem lanzettförmigen Hautstück besteht. Der Außenrand der Schwanzflughaut ist mehr

oder weniger gerade abgeschnitten. Die Geoffroy-Hufeisennase zählt zu den größeren Arten und ist oben von fleckigem Hellbraun, die Bauchseite ist heller. Flügel- und Schwanzflughaut sind dunkelbraun. Obwohl sie Baumsavanne bevorzugt, wurde sie in vielen anderen Habitaten bemerkt. Ihr Schlafplatz befindet sich in Höhlen, wo sich große, mehrere Tausend zählende Kolonien bilden können. Ein Junges wird im Sommer geboren.
Wildschutzgebiete: Kap der Guten Hoffnung, Karru, Bergzebra, Hluhluwe/ Umfolozi, Krügerpark, Namib-Naukluftpark, Etoscha, Mana Pools.

Kap-Breitflügelfledermaus *Eptesicus capensis FS 24 cm*

Diese Fledermaus gehört zur Familie der Glattnasen, einer äußerst großen und vielfältigen Gruppe, zu der auch die nachstehenden drei Arten zählen. Alle haben eine einfache, mäuseartige Schnauze, während das Gesicht auch von keinen besonderen Merkmalen gekennzeichnet ist. Die Ohren sind gut ausgebildet, den Schwanz schließt die v-förmige Flughaut ein. Da die Größe und

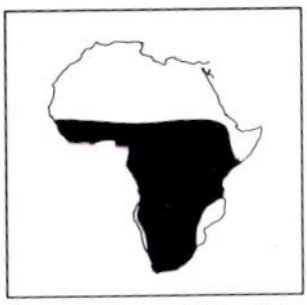

Färbung der Kap-Breitflügelfledermaus sehr unterschiedlich ist, kam man zu der Schlußfolgerung, daß man es mit mehreren, bisher noch nicht bestimmten Spezies zu tun hätte. Die Flügelflughaut ist gewöhnlich schwärzlichbraun. Nur wenige Tiere teilen den gewöhnlich gut versteckten Schlafplatz. Ein einzelnes Junges (manchmal Zwillinge) kommt im Sommer zur Welt.
Wildschutzgebiete: Fast alle.

Temminck-Mausohrfledermaus *Myotis tricolor FS 28*

L R Wingate

Diese kleinen Fledermäuse haben spitze Schnauzen, die sie von anderen Glattnasen unterscheiden. In Afrika kommen sechs Arten vor. Die *Oberseite ist von hellem Kupferrot,* unten ist sie wesentlich heller, während die Flügelflughaut dunkelbraun ist. *Kupferrotes Haar* bedeckt auch die Schwanzflughaut. Abgesehen vom ariden Westen kommt sie in verschiedenartigen Habitaten vor. Sie schläft in kleinen Kolonien in Höhlen und Bergwerken und befindet sich oft in Gesellschaft anderer Fledermäuse. Ihre Flugbewegung ist langsam und gewöhnlich tief. Im Flug erhascht sie Insekten, aber von anderen Mausohrfledermäusen weiß man, daß sie Insekten von Pflanzen und auf dem Boden erjagen. Im Kapland Südafrikas beobachtete man, daß die Weibchen im Oktober und November ein einzelnes Junges warfen.

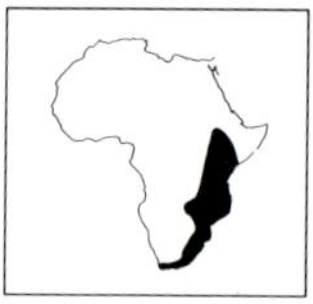

Wildschutzgebiete: Kap der Guten Hoffnung, Buntbock, Hluhluwe/ Umfolozi, Krügerpark.

Bananenzwergfledermaus *Pipistrellus nanus FS 19 cm*

Diese Spezies gehört einer anderen Gruppe an, deren Arten sich äußerlich sehr ähnlich sind und die Bestimmung für den Laien stark erschweren. Man erkennt die vielen Spezies der weltweit verbreiteten Zwergfledermaus an ihrer ungleichmäßigen, flatternden Flugbewegung. Die Bananenzwergfledermaus, die häufigste und am weitesten verbreitete Art dieser Gattung in Afrika, ist *winzig* (4 g), oben hell- bis dunkelbraun, etwas heller an der Bauchseite und hat an Flügeln und Schwanz eine braune Flughaut. Ihren Namen verdankt sie der Tatsache, daß sich ihr Schlafplatz häufig in den zusammengerollten Blättern der Bananenstauden oder der Strelitzia befindet. Um an diesen steilen, glatten Flächen Halt finden zu können, bildeten sich bei ihr Polster an Flügeln und Füßen. Sie lebt gewöhnlich einzeln, doch nimmt man auch Pärchen und kleine Gruppen wahr, deren Größe vom vorhandenen Schlafplatz abhängt. Ein bis zwei Junge werden im Sommer geboren.

Gelbe Fledermaus *Scotophilus dinganii FS 30 cm*

Bei der Färbung der Oberseite dieser Fledermaus reicht die Palette vom hellen Olivenbraun bis zum kräftigen Rotbraun. Unten ist sie meistens *leuchtend bis matt hellgelb,* kann aber auch heller sein. Das Haar der Bauchseite breitet sich bis weit über die Flügelflughaut aus. Diese Spezies bewohnt die mit Bäumen durchsetzte Savanne, wo kleine Gruppen ihren Schlafplatz in hohlen Bäumen und häufig an Dächern finden. Man weiß auch, daß sie in den Baumlöchern der Spechte und Bartvögel ruhen. Gelegentlich

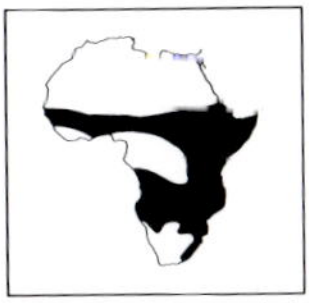

dringt dieser flinke Tiefflieger in Häuser ein, um die die Lampen umschwirrenden Insekten zu erhaschen. Die Forschung stellte fest, daß sie vor allem auch Käfer fressen. Im Gegensatz zu anderen Fledermäusen wirft das Weibchen gewöhnlich Zwillinge und häufig Drillinge.
Wildschutzgebiete: St.-Lucia-Komplex, Mkuzi, Krügerpark, Kalahari-Gemsbock, Etoscha, Chobe, Hwange.

Ägyptische Bulldogg-Fledermaus *Tadarida aegyptiaca FS 30 cm*

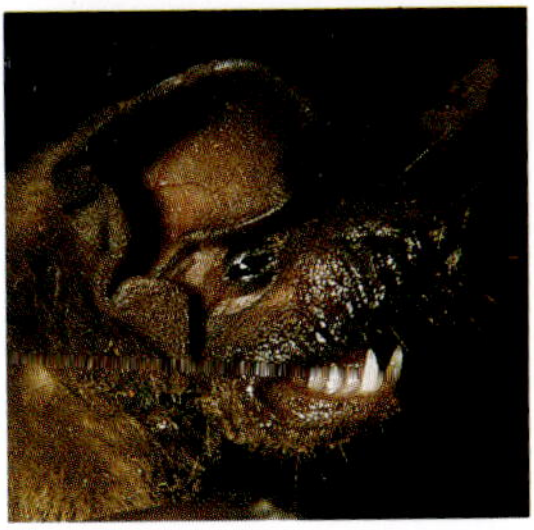

In Süd-, Zentral- und Ostafrika verzeichnete man 28 Arten der Faltlippenfledermäuse, die oft äußerlich starke Ähnlichkeit miteinander haben. Ihr besonderes Merkmal ist der bis zur Hälfte oder zu einem Drittel in die Schwanzflughaut eingehüllte Schwanz, der *sich darauf frei und mäuseartig bis über die Flughaut hinaus erstreckt.* Warum sie auch als Bulldoggfledermaus bekannt sind, zeigt der gedrungene Kopf und *die starke*

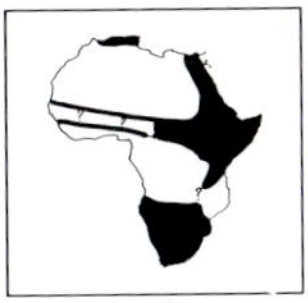

Faltenbildung an der Oberlippe. Diese Fledermaus ist oben dunkelgraubraun, der Scheitel und Rücken sind jedoch viel dunkler, die Flughaut ist von hellerem Braun. Sie kommt in fast allen Gebieten vor, und ihren Schlafplatz findet sie an unterschiedlichen Stellen. Sie lebt in kleinen Kolonien gesellig. Im Sommer wird ein einzelnes Junges geboren.
Wildschutzgebiete: Fast alle.

Fachausdrücke

arid trocken, dürr

Art(Spezies) Gruppe gleicher oder ähnlicher Lebewesen

dorsoventral in der Richtung vom Rücken zum Bauch

erektil zur Aufrichtung fähig

Galeriewald Feuchtwald an Flüssen der Savanne

Gattung den Arten (Spezies) übergeordnete Einheit

Habitat Lebensraum

Ordnung systematische Einheit zwischen Familie und Klasse

perineal den Damm betreffend

Revier Territorium, das abgesteckt und (besonders gegen Artgenossen) verteidigt wird

Tragzeit Zeitraum von der Befruchtung des Eies bis zur Geburt des Jungen

Wamme Vom Hals herabhängende Hautfalte

Wimperhaar einzelne, auffällig abstehende Schwanzhaare der Wimperspitzmäuse

Wohngebiet das auf Nahrungssuche und bei anderen Tätigkeiten durchstreifte Gebiet

LITERATURHINWEISE

De Graaff, G. 1981. *The Rodents of Southern Africa.* Butterworths, Durban.

Dorst, J. & Dandelot, P. 1983. *A Field Guide to the Larger Mammals of Africa.* Collins, London.

Haltenorth, T. & Diller, H. 1984. *A Field Guide to the Mammals of Africa including Madagascar,* Collins, London.

Kingdon, J. 1971-1982. *East African Mammals: an Atlas of Evolution in Africa* (Band I-III). Academic Press, London.

Skinner, J. & Smithers, R.H.N. 1990. *The Mammals of the South African Subregion.* Universität Pretoria, Pretoria.

Stuart, Chris & Tilde. 1988. *Field Guide to the Mammals of Southern Africa.* Struik Publishers, Kapstadt.

SACHREGISTER